C言語プログラミング
基本例題88+88

冨永 和人【編著】

生野 壮一郎・菊池 眞之
黒川 弘章・関口 暁宣 【共著】

コロナ社

まえがき

　本書はC言語プログラミングの基本例題集です。C言語の基本的な機能について，88問の例題と解答例を示し，解答例として与えたプログラムを解説しました。例題とプログラムの実例を通してC言語を自学したいとお考えの方のため，またC言語プログラミングの入門から中級レベルの講座での利用に向けて，C言語の基本機能を網羅した分かりやすい例題集をと考えて作成しました。各例題の解説の後には，扱ったトピックに関する注意点やテクニックを「ポイント」としてまとめて示し，さらに「発展」として，少し進んだ問題や，関連する問題を88問設けています。発展問題には解答例を示していないので，自学の読者には力試しとして，また講座で使われる先生には出題の参考として利用いただけると思います。

　章の並びは，C言語の機能に対する理解を基本から積み上げられるような順序としてあります。このため，1章から順に例題を解いていくのが最も効率的でしょう。他のテキストなどと並行して利用される場合のために，各章で扱っているトピック間の順序関係を下図に示します。矢印に沿った順ならば無理なく例題に取り組めると思います。なお個々の例題の中には，前にある他章のトピックにあまり依存していないものもありますので（特に8章の外部変数と静的変数についての例題や，11章のアルゴリズムに関する例題など），早めに挑戦していただくことも可能でしょう。

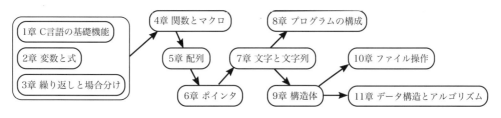

図　各章で扱っているトピック間の順序関係

　本書の例題および内容は，東京工科大学における20年以上のC言語教育の経験に基づくものです。大学関係者の皆様，また授業について有益なフィードバックを下さった学生，卒業生，教育助手の皆様に深く感謝します。今も実用的な言語であるC言語を学ぶ方々の知識と技術の向上に，本書が役立つことを切に願います。

2017年1月

著　者　一　同

本書の使い方

　本書の各章は基本的に，C言語が持つ1つの大きな機能を扱います．本書はコンパクトな例題集とするために，読者が各機能について講座や本書以外のテキストなどである程度学んだ上で，本書の該当する章の例題に取り組まれることを想定しています．章のはじめには各機能の概略をまとめてあります．例題に入る前の知識の確認に役立てて下さい．

　それぞれの章の各節は，**例題**，**考え方**，**解答例**，**解説**，**ポイント**，**発展**という構成になっており，必要に応じて**実行例**も示しました．自学される読者は，はじめに**例題**を見て解き方を考え，もしも難しければ**考え方**を参考にして，プログラムを自分で作って下さい．その後で**解答例**を見つつ**解説**を読んで，どのような実装が可能なのか学んで下さい[†]．解答例として与えたプログラムには説明のために注釈（コメント）を多めに与えてあります．自分で打ち込んで動作させる際にはもちろん注釈は適当に省いて結構です．その例題で重要な点を**ポイント**としてまとめてあるので，見て理解を確認して下さい．ポイントはまた，後で復習する際の参考にもなるでしょう．より実用的なプログラミングに近い問題などを**発展**に配してあります．プラスアルファの理解のために挑戦してみて下さい．

　講座で利用される先生には，受講者向けに例題そのものを出題して解かせたり，例題に対する解答例をプログラミングの実例として受講者に学習させ，発展を参考に課題を出すという方法などでご活用いただけると思います．

　巻末には**引用・参考文献**として，C言語そのものや，C言語を用いたプログラミングの学習に役立つと思われる書籍を紹介しました．参考にしてもらえれば幸いです．

記　　　法

　本書で用いる記法は次の通りです．プログラムコードはタイプライタ体で記します（例：`int i;`）．コード中に何かを入れるべき場所は《》で示します（例：`int a[`《要素数》`]`）．以下のような角のある矩形の囲みはプログラムやファイルを示します．

```
#include <stdio.h>

int main(void) {
    printf("こんにちは!\n");
    return 0;
}
```

[†] 解答例として示したプログラムは，すべて本書のホームページからダウンロードできます．アドレスは http://www.coronasha.co.jp/np/isbn/9784339028737/ です（2017年1月現在）．

実行例は以下のように四隅が丸い囲みで示します。コマンドラインのプロンプトは $ とし，ユーザの入力は下線で示します。⏎はエンターキーを押すことを表します。

```
$ ./a.out⏎
こんにちは!
$
```

ユーザの入力について

ユーザの入力を扱うような例題を解く場合には，特に指定がない限り，その入力に妥当な仮定を置いて，想定内の入力だけがくるとして構いません。例えば氏名をキーボードから入力するような例題に対してプログラムを作るときには，その上限を適当に数十文字として，それより長い氏名をユーザは打ち込まないと仮定して結構です。解答例として与えたプログラムもそのようにしてあります。なお，実用的なプログラムを作る際には一般に，ユーザのどのような入力も適切に扱う必要があるので注意して下さい。

文字について

C 言語で文字を扱う基本機能は 1 バイト文字（いわゆる半角英数記号）を対象としており，ひらがなや漢字などの（いわゆる全角）文字の取り扱いは基本の範囲を超えます。しかしながら，設問や解答例にある文などがローマ字では分かりにくいので，本書のプログラムでは出力する文字列と注釈に限ってかな漢字を使っています。もしもかな漢字が原因で，使っている環境でプログラムが正しくコンパイルできなかったり，出力が正しく表示されないようであれば，それらを 1 バイト文字で置き換えて，printf("こんにちは!\n") を printf("Hello!\n") とするなどして下さい。ただし，キーボードや外部ファイルからの入力はすべて 1 バイト文字を想定しています。特に断りのない限り，「文字」は 1 バイト文字，「文字列」は 1 バイト文字からなる文字列と考えて下さい。

扱う 1 バイト文字の文字コードとしては，ASCII という規格から派生したものを仮定します。現在パソコンなどで広く用いられている文字コードです。ただ，そのような文字コードの間にわずかに違いがある場合があります。本書のプログラムで使っているバックスラッシュ（\）という文字が入力できない場合には，円記号（¥）を代わりに使って下さい。同じくチルダ（~）が入力できなければ代わりにオーバライン（¯）を使って下さい。

処理系と環境

C 言語プログラムのコンパイルと実行を行うためのソフトウェアを C 言語の**処理系**といい，処理系や作成したプログラムを動かす場となるシステムを**環境**といいます。読者が

パソコンをお使いであれば，環境とはパソコンとOSのことで[†1]，処理系とはコンパイラやライブラリのことだと思っていただければおよそ間違いないでしょう。

　本書の例題では，コマンドラインインタフェース（CLI）で実行するようなプログラムを作ります。CLIでの入出力は最も簡単で，学習に適しているためです。LinuxやmacOSなどのUNIX系の環境ならターミナルで，Windows環境ならコマンドプロンプトでプログラムを実行します。実行例としてはUNIX系環境での様子を示しました。プログラムの実行方法，実行中断の方法，キーボード入力の終了を知らせる方法などは環境によって違うので，UNIX以外の環境を利用する場合には使うシステムの説明を参照して下さい。

　C言語のプログラムを動かすには，まずプログラム（ソースファイル）を作成し，次にそれをコンパイルして実行可能プログラムに翻訳し，実行します。テキストエディタでソースファイルを作成し，CLIでコマンド（ccやgccやclなどで，処理系による）を入力してコンパイルして実行するのが最も容易でしょう。コマンドがccでソースファイルがhello.cの場合，UNIX系環境では以下のようにコンパイルします。

```
$ cc hello.c⏎
```

統合開発環境（IDE）を利用して作成とコンパイル（ビルド）を行ってから，CLIで実行するということも可能でしょう。IDEにCLIのエミュレーション機能があれば，IDE内で実行もできます。簡単なプログラムの作成から実行までをウェブ上で行うサービスもあります。ただしIDEやウェブの場合，本書の一部の例題で用いている実行コマンドへの引数の指定や入力の切り換えなどに制約がある場合もあります。

C言語の規格

　C言語にはいくつかの規格があります。本書で示すプログラムの例は原則として，2011年に作られたC11と呼ばれる規格に定められたうちの基本的な機能を使って作られています[†2]。そのため現在利用されている多くの処理系でコンパイルでき，動作するでしょう。

　規格に従うと煩雑になるような用語については，より分かりやすい一般的に受け入れられていると思われる語を使いました。例えば，外部定義されたオブジェクトは「外部変数」，staticを使って宣言されたオブジェクトは「静的変数」などとしました。

[†1] 統合開発環境とは別のものなので注意して下さい。統合開発環境はむしろ処理系にあたります。
[†2] ただし，プログラムの動作を面白くするために，指定された秒数だけ停止するsleepというUNIX系の処理系の機能を使う部分が2箇所ほどあります（4.5節，8.2節の発展）。これについてはその箇所で明示してあり，この機能を使わなくても問題なく学習できます。

目　　次

1. C言語の基礎機能

1.1 文字列の出力 —— メッセージを表示する……………………………………… *1*
1.2 数値の出力 —— 数値データを表示する………………………………………… *2*
1.3 数値の入力 —— 10進数を16進数に変換する ………………………………… *4*
1.4 場合分けの基本（1）—— BMIで体型を判定する …………………………… *5*
1.5 場合分けの基本（2）—— 整数を分類する …………………………………… *7*
1.6 繰り返しの基本 —— 温度計の目盛りを表示する……………………………… *8*
1.7 ライブラリ関数を使う —— 擬似乱数……………………………………………*10*

2. 変 数 と 式

2.1 型と変数 —— 領域の大きさを表示する…………………………………………*12*
2.2 数値の計算 —— 商品ポイント計算………………………………………………*14*
2.3 式の評価 —— 球の体積を求める…………………………………………………*15*
2.4 演算子の優先順位 —— 文字を暗号化する………………………………………*17*
2.5 演算子の結合性 —— 人口密度を求める…………………………………………*19*
2.6 真偽値 —— 比較演算や論理演算の値……………………………………………*21*
2.7 キャストによる型変換 —— 小数点以下第3位を切り捨てる…………………*23*
2.8 副作用のある演算子 —— 順列の総数を求める…………………………………*24*
2.9 代入式の値 —— くじ引きプログラム……………………………………………*26*
2.10 オペランドの評価順序 —— お菓子を配る………………………………………*27*
2.11 型が表現できる範囲 —— オーバフローとアンダフロー………………………*29*
2.12 浮動小数点数の誤差 —— 1/NをN回足す ……………………………………*31*

3. 繰り返しと場合分け

3.1 回数の決まっている繰り返し —— 平均点を求める……………………………*33*
3.2 繰り返しと場合分けの組合せ —— 成績評価点平均を求める…………………*34*

3.3 switch 文 —— 電卓プログラム ……………………………………… 37
3.4 乱数を使う —— じゃんけんプログラム ………………………………… 38
3.5 二重ループ（1）—— 九九の表を表示する …………………………… 41
3.6 二重ループ（2）—— 完全数を求める ………………………………… 43
3.7 無限ループ —— あいこなら続けるじゃんけんプログラム ……………… 45
3.8 繰り返しの使い分け —— 賭けじゃんけんプログラム …………………… 47

4. 関数とマクロ

4.1 関数の引数 —— お茶をどうぞ …………………………………… 50
4.2 関数の戻り値 —— 指定桁で四捨五入する ……………………………… 53
4.3 引数のない関数 —— サイコロゲーム …………………………………… 55
4.4 関数から関数を呼び出す —— 複利計算プログラム …………………… 57
4.5 処理を関数にまとめる —— 数遊び Fizz Buzz ………………………… 59
4.6 オブジェクト形式マクロ —— 単位換算プログラム …………………… 61
4.7 関数形式マクロ —— 変数の値を入れ替える …………………………… 63

5. 配列

5.1 配列の基本 —— 山を登って下りる ……………………………………… 66
5.2 配列の初期化 —— 月の末日の一覧を表示する ………………………… 68
5.3 配列の走査 —— 重いりんごを選ぶ ……………………………………… 70
5.4 ソート —— りんごを軽い順に並べる …………………………………… 72
5.5 配列を使ったアルゴリズム —— エラトステネスのふるい ……………… 74
5.6 2次元配列（1）—— 乱数表を作る …………………………………… 75
5.7 2次元配列（2）—— 魔方陣を作る …………………………………… 77

6. ポインタ

6.1 ポインタの基本 —— ポインタの値と基本的な演算 …………………… 80
6.2 ポインタを関数に渡す —— 分数を約分する …………………………… 82
6.3 ポインタと配列（1）—— ポインタと配列の関係 …………………… 84

6.4　ポインタと配列（2）── 順位の前後を表示する ……………………………… *86*
6.5　配列を関数に渡す ── 配列の内容を逆順にする ……………………………… *88*
6.6　配列とポインタの応用 ── 1次元セルオートマトン ………………………… *90*
6.7　ポインタの配列 ── 所要時間で経路をソートする …………………………… *93*
6.8　動的メモリ確保 ── レースのタイムを格納する ……………………………… *96*

7. 文字と文字列

7.1　文字の基本 ── 文字と文字コード ……………………………………………… *99*
7.2　1文字入力 ── 大文字を数える ………………………………………………… *101*
7.3　1文字ずつの入出力 ── 伏せ字にする ………………………………………… *102*
7.4　行の処理 ── 行頭の文字を大文字にする ……………………………………… *104*
7.5　文字を扱う型 ── 文字種を関数で判定する …………………………………… *106*
7.6　文字列の基本 ── 文字列を反転する …………………………………………… *108*
7.7　文字列とポインタ ── 回文かどうか判定する ………………………………… *110*
7.8　文字列を扱う関数 ── 改行文字を取り除く …………………………………… *112*
7.9　文字コードを使った計算 ── パスワード ……………………………………… *113*
7.10　文字列を返す関数 ── 2進数表現を求める …………………………………… *116*
7.11　領域を確保して返す関数 ── 無制限の文字列入力 …………………………… *118*
7.12　文字列へのポインタの配列（1）── データを作る ………………………… *120*
7.13　文字列へのポインタの配列（2）── 要素を挿入する ……………………… *122*
7.14　文字列へのポインタの配列（3）── 要素を削除する ……………………… *125*
7.15　2次元文字配列 ── データを作る ……………………………………………… *127*
7.16　コマンド行引数（1）── メッセージを繰り返し表示する ………………… *128*
7.17　コマンド行引数（2）── 引数を連結して表示する ………………………… *130*

8. プログラムの構成

8.1　外部変数 ── 外貨両替プログラム ……………………………………………… *132*
8.2　ブロック有効範囲の静的変数 ── 貯金箱プログラム ………………………… *134*
8.3　ソースファイルの分割と外部参照 ── 消費税計算プログラム ……………… *136*
8.4　ファイル有効範囲の静的変数 ── 領収書を状差しに刺す …………………… *138*

8.5　ヘッダファイルを作る ── 蔵書管理プログラム ………………………………… 140

9. 構造体

9.1　構造体の宣言 ── 従業員情報を格納する …………………………………………… 144
9.2　構造体の初期化と代入 ── プリペイドカードを発行する ………………………… 146
9.3　構造体の入れ子 ── 日付を構造体で表現する ……………………………………… 148
9.4　構造体の配列 ── 複数のプリペイドカードを発行する …………………………… 150
9.5　構造体へのポインタ（1）── 関数に構造体のデータを渡す ……………………… 152
9.6　構造体へのポインタ（2）── 関数から構造体にデータを返す …………………… 153
9.7　構造体の値と関数 ── 複素数の計算 ………………………………………………… 155

10. ファイル操作

10.1　文字単位のファイル操作 ── ファイルをコピーする …………………………… 158
10.2　行単位のファイル入力 ── 名簿を読み込む ……………………………………… 160
10.3　行単位のファイル出力 ── 名簿をソートして書き出す ………………………… 163

11. データ構造とアルゴリズム

11.1　線形リスト（1）── 駅一覧を作る ………………………………………………… 166
11.2　線形リスト（2）── 駅を探索して情報を表示する ……………………………… 169
11.3　線形リスト（3）── 駅を削除する ………………………………………………… 172
11.4　線形リスト（4）── 駅を追加する ………………………………………………… 174
11.5　数値計算 ── ルートを求める ……………………………………………………… 177
11.6　再帰を使う（1）── ハノイの塔を解く …………………………………………… 179
11.7　再帰を使う（2）── フィボナッチ数を求める …………………………………… 182

引用・参考文献 …………………………………………………………………………… 184
索　　　引 ………………………………………………………………………………… 185

1 C言語の基礎機能

C言語はさまざまな機能を持っています。それらを使ってプログラムを作成する際に共通に必要となる基礎的な機能には以下のものがあります。
- 画面出力，キーボード入力
- 変数を使った計算
- プログラムの動作の制御（場合分けや繰り返し）
- 標準的なライブラリ機能の利用

本章では，これらを使った例題を示します。

▶ 1.1 文字列の出力 —— メッセージを表示する ◀

例題 1.1 以下のように画面にメッセージを表示するプログラムを作成せよ。

```
$ ./a.out ↵
Hello, world
Bye!
$
```

考え方

画面に文字列を出力するには **printf** を使います。

解答例

```
─────────── プログラム 1-1 ───────────
1  #include <stdio.h>
2
3  int main(void) {
4      printf("Hello, world\n");
5      printf("Bye!\n");
6      return 0;
7  }
```

解説

1行目はヘッダ **stdio.h** を取り込む指示です。このヘッダはC言語の標準的な入出力機能を使うためのもので，このプログラムでは printf を使うために取り込みました。

1. C言語の基礎機能

Hello, world を表示して行を変えるために**改行文字** \n を出力しています（4行目）。それぞれの行を出力するため printf を2つ書いていますが（4〜5行目），以下のように " " の中に \n を2つ書けば，1つの printf で2行表示できます。

```
printf("Hello, world\nBye!\n");
```

6行目にある **return 文**「return 0;」はプログラムの実行を終了させる文です。

ポイント

☞ 画面出力で改行するには改行文字 \n を使う。

発　　展

printf を一度だけ使って，以下のように画面に表示するプログラムを作成せよ。出力2行目の先頭の空きは空白8個分，3行目は24個分である。

```
$ ./a.out ↵
To be, or not to be:
        that is the question.
                        -- Hamlet
$
```

▶ 1.2 数値の出力 ── 数値データを表示する ◀

例題 1.2 次のような変数（日付，降水確率，最高気温，最低気温を表す）を用意し
- int 型の変数：y1, y2, m1, m2, d1, d2, prec1, prec2
- double 型の変数：high1, high2, low1, low2

以下に示す値を代入してから

```
y1 = 2020; m1 = 2;  d1 = 4;  prec1 = 0;  high1 = 9.59; low1 = -10.1;
y2 = 2020; m2 = 10; d2 = 20; prec2 = 30; high2 = 15.3; low2 = 5.51;
```

それらの変数の値を以下のように画面に表示せよ。下の2行については，各欄の桁を示した通りに揃えること。分かりやすいように空白1つを ␣ で示してある。

```
$ ./a.out ↵
最高␣15.300000, 最低␣-10.100000
2020/02/04␣␣␣9.590000␣-10.100000␣␣0%
2020/10/20␣␣15.300000␣␣␣5.510000␣30%
$
```

1.2 数値の出力 —— 数値データを表示する

考え方

printfで変数の値などのデータを表示するには、printfに与える**書式**（カッコ内の最初に書く " " でくくられたもの）の中で、適切に**変換**指定を行います。

解答例

```
プログラム 1-2
1   #include <stdio.h>
2
3   int main(void) {
4       int y1, m1, d1, prec1;
5       int y2, m2, d2, prec2;
6       double high1, low1, high2, low2;
7
8       y1 = 2020; m1 = 2; d1 = 4; prec1 = 0; high1 = 9.59; low1 = -10.1;
9       y2 = 2020; m2 = 10; d2 = 20; prec2 = 30; high2 = 15.3; low2 = 5.51;
10
11      printf("最高 %f, 最低 %f\n", high2, low1);
12      printf("%4d/%02d/%02d %10f %10f %2d%%\n", y1, m1, d1, high1, low1, prec1);
13      printf("%4d/%02d/%02d %10f %10f %2d%%\n", y2, m2, d2, high2, low2, prec2);
14      return 0;
15  }
```

解説

データを文字列として出力するための変換をprintfに指定します。int型データの出力には**d変換**を用います（12〜13行目）。表示領域の最小幅を%《幅》dのように指定すると、データはその領域に右詰めで表示されます。データの桁数が少なくて表示領域に満たない場合にできる左側（上位桁）の空きをゼロ詰めするには%0《幅》dと指定します。double型データは**f変換**で出力します（11行目）。表示領域の最小幅と小数点以下の桁数（**精度**）を指定するには%《幅》.《精度》fとします（12〜13行目）。幅は小数点を含む全体の文字数で、精度の指定は省略すると6桁になります。ゼロ詰めの指定は%dと同様です。

%は変換指定の開始を意味する特殊な文字なので、%という文字そのものを表示するには%%と書きます（12〜13行目）。

ポイント

☞ printfでデータを出力するには適切な変換を用いる。

発展

例題1.2のプログラムを改良し、データを以下のような表の形で出力するようにせよ。

```
$ ./a.out⏎
____Date_____H_____L____P
+----------+-----+-----+---+
```

```
|2020/02/04|__9.6|-10.1|_0%|
+----------+-----+-----+---+
|2020/10/20|_15.3|__5.5|30%|
+----------+-----+-----+---+
$
```

▶ 1.3 数値の入力 —— 10進数を16進数に変換する ◀

例題 1.3 以下のように，入力した整数を16進数で表示するプログラムを作成せよ．

```
$ ./a.out⏎
decimal number? 255⏎
hexadecimal = ff
$
```

考　え　方

scanfで入力を読み取ります．16進表示にはprintfの**x変換**（%x）を使いましょう．

解　答　例

─────── プログラム 1-3 ───────
```
1   #include <stdio.h>
2
3   int main(void) {
4       int n;
5
6       printf("decimal number? ");
7       scanf("%d", &n);              // 10進で入力
8       printf("hexadecimal = %x\n", n);  // 16進で出力
9       return 0;
10  }
```

解　　　説

　int型の変数nを用意して（4行目），scanfでキーボードからの入力を読み取ります（7行目）．画面に何も表示せずに入力待ちになると何が起きているかユーザに分からないので，入力を促すメッセージ（**プロンプト**）をprintfで表示します（6行目）．
　入力された文字列から変数にデータを得るために変換を指定します．10進符号付き整数を表す文字列からint型の数値を得るにはd変換を用います．書式に%dを指定して，コンマの後に&《int型の変数》と書きます（7行目）．これによって変数nに数値が得られます．その数値を16進数として表示するために，printfのx変換を使いました（8行

目)。printf や scanf には他にも 8 進数を扱う **o 変換**など，さまざまな変換があります。

// から行末までは**注釈**で，プログラムの動作には関係ありません。この形式の注釈に対応していない処理系の場合には，/* … */ という注釈の形式を使って下さい。

ポイント

☞ scanf で変数に数値を読み取るときには，変数名に & をつける。
☞ printf や scanf にはさまざまな変換があるので適切に使い分けよう。

発　展

入力された 2 つの 16 進数の積を求めて結果を 16 進数で表示するプログラムを作成せよ。

```
$ ./a.out ↵
16進数を1つ入力して下さい: 100 ↵
16進数をもう1つ入力して下さい: dead ↵
16進で 100 * dead = dead00 です
$
```

▶ 1.4　場合分けの基本（1）── BMI で体型を判定する ◀

例題 1.4　身長と体重を入力すると，BMI と，肥満かどうかを表示するプログラムを作成せよ。BMI は次の式で求め，25 以上なら肥満，25 未満なら肥満でないとする。

$$\text{BMI} = 体重[\text{kg}] / (身長[\text{m}] \times 身長[\text{m}])$$

```
$ ./a.out ↵
身長[cm]? 153 ↵
体重[kg]? 51 ↵
BMIは21.8，肥満ではありません
$ ./a.out ↵
身長[cm]? 165 ↵
体重[kg]? 69 ↵
BMIは25.3，肥満です
$
```

考　え　方

BMI は実数値なので double 型で扱いましょう。合わせて身長と体重も double 型とします。肥満かどうかは，BMI の値を使って **if 文**で場合分けをして表示します。

解　答　例

プログラム 1-4

```
1   #include <stdio.h>
2
3   int main(void) {
4       double height, weight, bmi;
5
6       /* 入力 */
7       printf("身長[cm]? ");
8       scanf("%lf", &height);
9       printf("体重[kg]? ");
10      scanf("%lf", &weight);
11
12      /* 計算 */
13      height = height / 100;          // メートル単位にする
14      bmi = weight / (height * height);  // BMIの式
15
16      /* 出力 */
17      printf("BMIは%.1f, ", bmi);      // 小数点以下1桁まで表示
18      if (bmi >= 25)
19          printf("肥満です\n");
20      else
21          printf("肥満ではありません\n");
22      return 0;
23  }
```

解　説

少し計算が複雑なので，入力・計算・出力のコードをはっきり分けました。double 型の値を scanf で読み取るには %lf を指定し（8，10 行目），printf で出力するには %f を指定します（17 行目）。if 文の条件 bmi >= 25（18 行目）は「BMI が 25 以上」という式で，これが成り立っていれば 19 行目が，成り立っていなければ 21 行目が実行されます。

ポ　イ　ン　ト

☞　2 通りに場合分けをするには if 〜 else を使う。

発　展

例題 1.4 のプログラムを拡張し，肥満の場合にはその身長で BMI が 22 となる体重を標準体重として表示せよ。

```
$ a.out ↵
身長[cm]? 156 ↵
体重[kg]? 54 ↵
BMIは22.2, 肥満ではありません
$ a.out ↵
身長[cm]? 178 ↵
体重[kg]? 87 ↵
BMIは27.5, 肥満です
身長178.0cmの標準体重は69.7kgです
$
```

▶ 1.5　場合分けの基本（2）── 整数を分類する ◀

例題 1.5　入力された整数が正か負かゼロかを分類するプログラムを作成せよ。入力が負の場合には，さらにその数の絶対値を表示せよ。

```
$ ./a.out↵
整数? 2↵
2は正です
$ ./a.out↵
整数? -5↵
-5は負で，絶対値は5です
$ ./a.out↵
整数? 0↵
ゼロです
$
```

考え方

3通りに場合分けする必要があるので，if 〜 else if 〜 else 〜 を使いましょう。整数 n が負なら n の絶対値は $-n$ で求まります。例えば -10 の絶対値は $-(-10) = 10$ です。

解答例

―――― プログラム 1-5 ――――
```c
1   #include <stdio.h>
2
3   int main(void) {
4       int n;
5
6       printf("整数? ");
7       scanf("%d", &n);
8       if (n > 0)
9           printf("%dは正です\n", n);
10      else if (n < 0)
11          printf("%dは負で，絶対値は%dです\n", n, -n);
12      else
13          printf("ゼロです\n");
14      return 0;
15  }
```

解説

if 文を使って3通り以上に場合分けをするには，10行目のように else の直後に if を書きます。このように else if 〜 を続けることで，いくらでも多くの場合を扱えます。条件は前から順に試され，最初に成り立った条件のすぐ後にあるコードが実行されます。

ポイント

☞ if 文を使って 3 通り以上の場合分けをするには，else の直後に if 文を続ける。

発　展

100 点満点のテストの点数を入力すると，その点数に応じて，以下のように定まる評価 S，A，B，C，F のいずれかを表示するプログラムを作成せよ。

- 90 点以上 100 点以下なら評価 S
- 80 点以上 90 点未満なら評価 A
- 70 点以上 80 点未満なら評価 B
- 60 点以上 70 点未満なら評価 C
- 60 点未満なら評価 F

```
$ ./a.out↵
テストの点数? 82↵
評価はAです！
$ ./a.out↵
テストの点数? 56↵
評価はFです...
$
```

▶ 1.6　繰り返しの基本 ── 温度計の目盛りを表示する ◀

例題 1.6　最低温度と最高温度を入力すると，以下のように温度計の目盛りを表示するプログラムを作成せよ。最低温度と最高温度としては 10 刻みの値を入力するとし，入力される値はいずれも −90 以上かつ 90 以下とする。

```
$ ./a.out↵
最低温度? -20↵
最高温度? 50↵
-20 -10   0  10  20  30  40  50
--+---+---+---+---+---+---+---+-
$
```

考　え　方

最低温度から最高温度まで 10 刻みで繰り返すループを作ります。printf の書式で適切に変換を指定すると，数値表示の桁を揃えることができます。

解　答　例

```
 1  #include <stdio.h>
 2
 3  int main(void) {
 4      int min, max, deg;
 5
 6      printf("最低温度? ");
 7      scanf("%d", &min);
 8      printf("最高温度? ");
 9      scanf("%d", &max);
10
11      /* 数字を表示 */
12      deg = min;
13      while (deg <= max) {
14          printf("%3d ", deg);   // 空白を加えて4文字幅で表示
15          deg += 10;
16      }
17      printf("\n");
18
19      /* 線を表示 */
20      deg = min;
21      while (deg <= max) {
22          printf("--+-");        // 数字に合わせて4文字
23          deg += 10;
24      }
25      printf("\n");
26      return 0;
27  }
```

プログラム 1-6

解　説

　最低温度を変数 min に，最高温度を変数 max に読み取り（6〜9行目），**while ループ** を使って数字を表示します（11〜16行目）。まず deg に初期値 min を入れ（12行目），条件 deg <= max が成り立つ間（13行目），ループの本体（14〜15行目）を実行します。そのたびに deg を 10 ずつ増やします（15行目）。「--+-」で作った線を描くには，数字のときと同じ回数だけ繰り返せばよいので，同じようにループを作りました（20〜24行目）。

　繰り返しではよくこのように，最初にループを制御する変数（ここでは deg）に初期値を設定して，ループを回るたびに条件判断を行い，値の更新をする，というコードを書きます。

ポイント

☞　ループのコードには通常，変数への初期値の設定，条件判断，値の更新を書く。

発　展

　例題 1.6 のプログラムを拡張し，最低温度と最高温度に加えて現在の温度を入力から読み取って，目盛りの下にその温度を示す棒を温度計のように表示するプログラムにせよ。

```
$ ./a.out↵
最低温度? -20↵
最高温度? 50↵
現在の温度? 18↵
-20 -10   0  10  20  30  40  50
--+---+---+---+---+---+---+---+-
##################
$
```

▶ 1.7 ライブラリ関数を使う —— 擬似乱数 ◀

例題 1.7 C言語のライブラリ関数 rand を使ってランダムな整数を5つ発生させて表示し，最後に RAND_MAX という int 型定数の値を表示するプログラムを作成せよ．

```
$ ./a.out↵
16807
282475249
1622650073
984943658
1144108930
2147483647 = RAND_MAX
$
```

考え方

rand は擬似乱数列を生成するライブラリ関数です．**擬似乱数**とは，決まった計算方法で求まる，人間にはランダムに見える数で，プログラムでは真の乱数の代わりによく用います．ヘッダ stdlib.h を取り込んで以下のようにすると変数 n に整数の乱数が1つ得られます．

```
    int n;
    n = rand();
```

RAND_MAX は stdlib.h で定義される定数で，生成されうる擬似乱数の最大値を表します．

解答例

───────── プログラム 1-7 ─────────
```
1   #include <stdio.h>
2   #include <stdlib.h>
3
4   int main(void) {
5       int i, n;
6
7       for (i = 0; i < 5; i++) {
```

```
 8          n = rand();                        // 整数の乱数を得て
 9          printf("%d\n", n);                 // 表示する
10      }
11      printf("%d = RAND_MAX\n", RAND_MAX);   // 乱数値はこの値を超えないはず
12      return 0;
13  }
```

解　説

ヘッダを取り込む **#include 指令**はプログラムの先頭のほうに書きます（1〜2 行目）。C 言語標準のヘッダを取り込む #include 行を複数書く場合，その順序は自由です。

繰り返しを使って乱数を 5 つ生成して表示します（7〜10 行目）。乱数値も RAND_MAX の値もいずれも int 型なので，printf の d 変換で表示します（9, 11 行目）。

rand は乱数を 1 つ生成するたびに内部状態を変え，その状態に基づいて次の数を生成します。状態はプログラム開始時にリセットされるため，このプログラムは実行するたびに同じ数の列を表示するでしょう。よりランダムな数を得るには，rand の内部状態を外から変えます。このためにはライブラリ関数 **srand** を以下のように使います。

```
unsigned int seed = 《適当な非負整数値》;
srand(seed);
```

こうすると rand の内部状態が seed で表される状態に設定されます。内部状態を外から設定するためのこのような値を擬似乱数の**種**（たね）と呼びます。

ポ イ ン ト

☞ ライブラリ関数やそれに関連する定数を利用するには，対応するヘッダを取り込む。

発　展

キーボードから読み取った値を種として srand で設定してから 5 つの擬似乱数を rand で生成して表示するように例題 1.7 のプログラムを改良せよ。

```
$ ./a.out ⏎
擬似乱数の種? 2 ⏎
33614
564950498
1097816499
1969887316
140734213
2147483647 = RAND_MAX
$
```

2 変 数 と 式

変数はメモリ内に領域を持ち，そこにデータを保持します。領域の大きさや，どのような形式でメモリ内にデータが格納されるかは，変数の**型**で決まります。このため，変数が表現できるデータの範囲は型によって決まります。変数だけでなく，C 言語ではすべての値が型を持ちます。

数値を扱うのによく使う型は，**整数型**と**浮動小数点型**です。整数型には int 型や char 型などがあり，浮動小数点型には double 型や float 型などがあります。整数型を扱うときには**符号付き**なのか**符号なし**なのかに気をつけましょう。浮動小数点型を使う場合には**誤差**に注意する必要があります。

計算を行うには，変数や定数を**演算子**で組み合わせて**式**を書きます。演算子が演算する対象を**オペランド**といいます。式は原則として値を持ちます。**式の値**を求めることを，式を**評価する**といいます。式が複数の演算子で作られているとき，その評価の仕方は演算子それぞれに与えられた**優先順位**と**結合性**によって決まります。これらを理解して，望みの計算を正しく行う式を作りましょう。

演算子の中には，**代入**や**インクリメント**（1 増やす）・**デクリメント**（1 減らす）など，式として値を持ちつつ，オペランドである変数の値を変更するような**副作用**を持つものがあります。このような演算子を使うときには，値の変更がいつ起きるかに注意しましょう。

▶ 2.1 型と変数 —— 領域の大きさを表示する ◀

例題 2.1 以下の型と変数領域の大きさ（バイト数）を順に表示するプログラムを作成せよ。

- int 型の大きさ
- int 型変数の領域の大きさ
- char 型，short int 型，long int 型，float 型，double 型の大きさ

考　え　方

型の大きさ（バイト数）を得るには **sizeof 演算子**を使って sizeof(《型》) とします。変数領域の大きさを得るには sizeof(《変数名》) とします。sizeof 演算子で得られる値は **%zu** という変換指定[†]で printf で表示できます。

[†] sizeof 演算の結果は **size_t** という符号なし整数型で，この型のデータを表示する変換指定が **%zu** です。

解　答　例

―― プログラム 2-1 ――
```
1   #include <stdio.h>
2
3   int main(void) {
4       int i;
5
6       printf("sizeof(int) = %zu\n", sizeof(int));
7       printf("sizeof(i) = %zu\n", sizeof(i));
8       printf("sizeof(char) = %zu\n", sizeof(char));
9       printf("sizeof(short int) = %zu\n", sizeof(short int));
10      printf("sizeof(long int) = %zu\n", sizeof(long int));
11      printf("sizeof(float) = %zu\n", sizeof(float));
12      printf("sizeof(double) = %zu\n", sizeof(double));
13      return 0;
14  }
```

実　行　例

char型はどんな処理系でも1バイトです。他の型の大きさは処理系によって違います。

```
$ ./a.out↵
sizeof(int) = 4
sizeof(i) = 4
sizeof(char) = 1
sizeof(short int) = 2
sizeof(long int) = 8
sizeof(float) = 4
sizeof(double) = 8
$
```

解　説

int型変数の領域の大きさを表示するために，4行目で変数iを宣言してから7行目でsizeof(i)を表示しています。他の型の大きさはsizeof(《型》)で得ています。変数iの型がintなので，sizeof(int)とsizeof(i)は同じ値になります（「実行例」の出力1，2行目）。

ポ　イ　ン　ト

☞　sizeof演算子は型名にも変数にも適用できる。
☞　char型の大きさは1バイトで，他の型の大きさは処理系によって異なる。

発　展

例題2.1と同様に，unsigned short int型，unsigned int型，unsigned long int型の大きさを表示するプログラムを作成し，実行して，それらの型の大きさが，対応する符号付き整数型の大きさと等しいことを確認せよ。

▶ 2.2 数値の計算 —— 商品ポイント計算 ◀

例題 2.2 ある店では商品価格を税抜きで表示していて，買い物をすると税抜き合計額に 8 ％の消費税を合わせて払うことになるが，この税込み支払額に対して 10 ％のポイントをポイントカードに付与してくれる。この店での買い物の税抜き合計額を入力すると，消費税額，支払額，ポイントを表示するプログラムを作成せよ。なお，消費税額とポイントの計算で発生した 1 円未満は切り捨てとする。

```
$ ./a.out⏎
商品代金（税抜き）？ 1200⏎
消費税96円，お支払い額1296円です
129ポイントつきました！
$
```

考え方

商品の価格は整数でも，消費税額やポイントには小数点以下が発生する可能性がありますが，1 円未満を切り捨てるので，金額はすべて int 型の変数で扱えます。

解答例

── プログラム 2-2 ──
```c
1   #include <stdio.h>
2
3   int main(void) {
4       int price, points, tax, pay;
5
6       printf("商品代金（税抜き）？ ");
7       scanf("%d", &price);
8       tax = price * 0.08;   // int*doubleはdouble, int型変数に代入して小数部切り捨て
9       pay = price + tax;    // intで計算，型変換は起きない
10      printf("消費税%d円，お支払い額%d円です\n", tax, pay);
11      points = pay * 0.1;   // int*doubleがdouble, int型変数に代入して小数部切り捨て
12      printf("%dポイントつきました！\n", points);
13      return 0;
14  }
```

解説

加減乗除などの算術演算では，2 つのオペランドが同じ型ならその型で計算が行われ，結果もその型になります。オペランドの型が違う場合，とある共通の型に揃えるように必要な**型変換**が行われてから計算されます[†]。およそ，表現できる範囲の広いほうの型に揃

---

† 「通常の算術型変換」という規則によって共通の型が決まります。

えられると考えてよいでしょう。8行目のint型とdouble型の計算 price * 0.08 では共通の型はdouble型となり，priceの値がdouble型に変換されてから乗算が行われ，結果もdouble型になります。11行目も同様です。

代入では，値が代入先の型に自動的に変換されます。double型の値をint型変数に代入するときに（8, 11行目）doubleからintへの変換が起き，1円未満が切り捨てられます。

ポイント

☞ 算術演算でオペランドの型が違うと，型変換のルールに従って型が揃えられる。
☞ 浮動小数点数を整数に変換すると，小数点以下は無視される。

発　　展

商品の原価と価格（単位：円）を入力すると利益率を表示するプログラムを作成せよ。原価，価格，利益率の関係は次の式で表されるとする。

$$利益率[\%] = \frac{価格 - 原価}{価格} \times 100$$

例えば原価が80円，価格が100円なら，利益率は20％となる。原価と価格は整数とし，利益率は小数点以下第1位まで表示せよ。

```
$ ./a.out↵
原価は? 54↵
価格は? 79↵
利益率は31.6%です
$
```

▶ 2.3　式の評価 —— 球の体積を求める ◀

例題 2.3　入力された半径（単位：cm）を持つ球の体積を単位ccで表示せよ。半径 r [cm] の球の体積 V [cc] は以下の式で求まる。円周率 π は 3.14 とせよ。

$$V = \frac{4}{3}\pi r^3$$

```
$ ./a.out↵
球の半径[cm]? 2↵
半径2.0cmの球の体積は約33.49ccです。
$
```

考え方

どのように部分式が評価されるかに気をつけて式を書きましょう。

解答例

──────── プログラム 2-3 ────────
```
1  #include <stdio.h>
2
3  int main(void) {
4      double r, v;
5
6      printf("球の半径[cm]? ");
7      scanf("%lf", &r);
8      v = 4 * 3.14 * r * r * r / 3;
9      printf("半径%.1fcmの球の体積は約%.2fccです。\n", r, v);
10     return 0;
11 }
```

解説

設問には体積を求める式が $V = (4/3)\pi r^3$ とありますが、乗除算の順序を入れ替えて8行目のようにしました。この式の代入の右辺は以下のように**評価**されます。半径 r として2が入力されたときのそれぞれの**部分式**の型と値を下線の下に示しました。

$$
\begin{array}{ccccccccccc}
\underline{4} & * & \underline{3.14} & * & \underline{r} & * & \underline{r} & * & \underline{r} & / & \underline{3} \\
\text{int } 4 & & \text{double } 3.14 & & \text{double } 2.0 & & \text{double } 2.0 & & \text{double } 2.0 & & \text{int } 3 \\
\multicolumn{3}{c}{\underline{\hspace{4em}}} \\
\multicolumn{3}{c}{\text{double } 12.56} \\
\multicolumn{5}{c}{\underline{\hspace{8em}}} \\
\multicolumn{5}{c}{\text{double } 25.12} \\
\multicolumn{7}{c}{\underline{\hspace{12em}}} \\
\multicolumn{7}{c}{\text{double } 50.24} \\
\multicolumn{9}{c}{\underline{\hspace{16em}}} \\
\multicolumn{9}{c}{\text{double } 100.48} \\
\multicolumn{11}{c}{\underline{\hspace{20em}}} \\
\multicolumn{11}{c}{\text{double } 33.493\cdots}
\end{array}
$$

演算子ごとに計算が行われ、全体の式の値として得られた 33.493… が変数 v に代入されます。部分式 4 * 3.14 の評価で、オペランドの型が int と double なので、int 型の 4 が double 型に変換されて計算され、4×3.14 の値が正しく求まり、その結果 v の値も正しく求まります。もしも 8 行目の計算式を以下のように書いたなら

```
v = 4 / 3 * 3.14 * r * r * r;
```

4 / 3 が int 型での除算になり、この部分式の値が 1 となるので、求まる v の値は $(4/3)\pi r^3$ ではなく πr^3 になってしまいます。

ポイント

☞ 部分式が演算子ごとに評価され、全体の式の値が求まる。

☞ 部分式の計算結果や型がどうなるかを意識して式を書こう。

発　　展

セ氏温度（日本で使われる温度，単位 °C）での C 度と同じ温度を表すカ氏温度（アメリカなどで一般的に使われる温度，単位 °F）での F 度の関係は以下の式で表される。例えば $5\,°C$ は $41\,°F$ である。この関係を用いて，$-20\,°C$ から $100\,°C$ まで $10\,°C$ 刻みのセ氏温度とカ氏温度の対応表を表示するプログラムを作成せよ。

$$F = \frac{9}{5}C + 32$$

▶ 2.4　演算子の優先順位 ── 文字を暗号化する ◀

例題 2.4　英小文字を 1 つ入力し，暗号キー（鍵）として整数を 1 つ入力すると，その整数の分だけ文字をアルファベット順で後ろにずらすことによって暗号化して表示するプログラムを作成せよ。例えば「a」を 5 つずらすと「f」となる。アルファベットの最後を越えたら「a」の側に戻るようにする。「y」を 5 つずらすと「d」となる。キーとしては 0 以上の任意の数が入れられることとする。

```
平文? a
暗号キー? 356
暗号文は「s」
$
```

考え方

char 型は小さい整数（0 から 255 など）を表現する整数型で，英数記号などの 1 バイト文字を**文字コード**によって表します．文字「a」の文字コードは 97，「b」が 98，「z」が 122 です．英小文字の文字コードはこのように連続しています．アルファベット順で後ろにずらすには，文字コードに整数を足します．剰余演算子 % をうまく使いましょう．char 型の 1 文字は以下のように **c 変換**（%c）を用いて scanf や printf で入出力できます．

```
char ch;
scanf("%c", &ch);
printf("%c\n", ch);
```

解答例

プログラム 2-4
```
1   #include <stdio.h>
2
3   int main(void) {
4       int key;
5       char plain, cipher;
6
7       printf("平文? ");
8       scanf("%c", &plain);
9       printf("暗号キー? ");
10      scanf("%d", &key);
11      cipher = (plain - 97 + key) % 26 + 97;   // 暗号化
12      printf("暗号文は「%c」\n", cipher);
13      return 0;
14  }
```

解説

暗号化の計算（11 行目）の原理は次の通りです．入力された英小文字の文字コードから 97 を引くと，a から z が 0 から 25 となります．これに暗号キーの整数を足して，それを 26 で割った余りが，暗号文字のアルファベットを表す 0 から 25 の数になります．これに 97 を足すと，暗号文字の文字コードが得られます．剰余演算子 % の**優先順位**は + 演算子や - 演算子より高いため，この式を

```
cipher = plain - 97 + key % 26 + 97
```

と書くと望みの結果が得られません．これは次のように解釈されてしまいます．

```
    cipher = plain - 97 + (key % 26) + 97
```

C言語の演算子の優先順位は，加減乗除については数学と同じですが，それ以外については独自に決められています．優先順位の表を見るなどして気をつけ，必要な場合はカッコ（）でくくりましょう．

ポイント

☞ 演算子の優先順位に気をつけ，必要な場合にはカッコ（）を使う．

発　展

例題 2.4 の暗号化の方法を，入力されたキーの分だけアルファベット順で前にずらすこととして，同様の暗号化プログラムを作成せよ．「f」を前に 5 つずらすと「a」となり，「b」を前に 3 つずらすと「y」となる．キーは 0 以上の任意の整数とする．

```
$ ./a.out↵
平文? f↵
暗号キー? 5↵
暗号文は「a」
$ ./a.out↵
平文? b↵
暗号キー? 3↵
暗号文は「y」
$ ./a.out↵
平文? z↵
暗号キー? 132↵
暗号文は「x」
$
```

▶ 2.5　演算子の結合性 —— 人口密度を求める ◀

例題 2.5　床が正方形である教室の床一辺の長さと，教室内にいる生徒の数を入力すると，1 平方メートルあたりの人口密度を表示するプログラムを作成せよ．床の一辺の長さを x，人数を n とすると，人口密度 d は $d = n/x^2$ で求まる．

```
$ ./a.out↵
床の一辺の長さ[m]? 14.8↵
人数? 80↵
人口密度は0.365人/平方メートルです
$
```

2. 変 数 と 式

考 え 方

C言語には累乗を求める演算子がありません。x^2 は x * x で求めましょう。

解 答 例

───── プログラム 2-5 ─────
```
1   #include <stdio.h>
2
3   int main(void) {
4       double x, density;
5       int population;
6
7       printf("床の一辺の長さ[m]? ");
8       scanf("%lf", &x);
9       printf("人数? ");
10      scanf("%d", &population);
11      density = population / (x * x);   // 人口密度を求める式
12      printf("人口密度は%.3f人/平方メートルです\n", density);
13      return 0;
14  }
```

解 説

人数は整数なので int 型，長さと人口密度は実数値として double 型で扱いました。x^2 は「考え方」に示した通り x * x で求まりますが，これを使って

  density = population / x * x

と書くのは誤りです。演算子 / と * は優先順位が同じで，**結合性**が左結合のため，左にある演算子のほうが強く結びつき，この式は

  density = ((population / x) * x)

と解釈されます。x * x を先に計算するためには 11 行目のように書くか，式を変形して

  density = population / x / x

などと書くとよいでしょう。

ポ イ ン ト

☞ 優先順位が同じ演算子が隣り合う場合にどちらに結合するかは結合性で決まる。

発 展

n 個の座席からなる列が m 列ある教室が数多くある学校を試験場として，p 人の受験生が試験を受ける。一部屋ずつ満席となるように受験生を入れていく。n, m, p を入力すると，最後の一部屋に割り当てられる受験生の数を表示するプログラムを作成せよ。

```
$ ./a.out⏎
1列の座席数? 9⏎
一部屋にある列の数? 8⏎
受験者数? 200
最後の一部屋は56人です
$
```

▶ 2.6 真偽値 —— 比較演算や論理演算の値 ◀

例題 2.6 int 型の変数 a と b を用意し，a に 3，b に 2 を代入した後で，以下の式を順に評価したときの値を表示するプログラムを作成して，表示される内容（それぞれの式の値）を予想してから実行し，予想が正しかったか確認せよ．

```
a > b
a == b
0 < a < 2
0 < a && a < 2
a < 4 || 6 < a
!a
```

処理系によってはコンパイル時に警告が出る式もあるが，気にせず実行してよい．

考え方

これらの式の値はすべて int 型です．次のようなコードで式の値を表示できます．

```
printf("a > b は %d\n", a > b);
```

解答例

―― プログラム 2-6 ――
```
1   #include <stdio.h>
2
3   int main(void) {
4       int a, b;
5
6       a = 3;
7       b = 2;
8       printf("a は %d, b は %d\n", a, b);
9       printf("a > b は %d\n", a > b);
10      printf("a == b は %d\n", a == b);
11      printf("0 < a < 3 は %d\n", 0 < a < 3);
12      printf("0 < a && a < 3 は %d\n", 0 < a && a < 3);
13      printf("a < 4 || 6 < a は %d\n", a < 4 || 6 < a);
14      printf("!a は %d\n", !a);
15      return 0;
16  }
```

実 行 例

```
$ ./a.out↵
a は 3, b は 2
a > b は 1
a == b は 0
0 < a < 3 は 1
0 < a && a < 3 は 0
a < 4 || 6 < a は 1
!a は 0
$
```

解 説

等価演算子（== と !=）や関係演算子（< など）や論理演算子（&&, ||, !）の演算結果は，その条件が成り立っていれば 1，成り立っていなければ 0 です。このため a > b の値は 1，a == b の値は 0 になります。a が 3 なので，数学でいう「0 < a かつ a < 3」は偽ですが，C 言語で 0 < a < 3 と書くと（11 行目）(0 < a) < 3 と解釈され，部分式 0 < a は真なので式の値は 1，すると全体は 1 < 3 となり，真つまり 1 になります（「実行例」5 行目）。数学の 0 < a < 3 を C 言語の式で書くには 0 < a && a < 3 とします（「解答例」12 行目）。数学の「a < 4 または 6 < a」は 13 行目のように書きます。

否定の論理演算子 ! は真偽を反転した結果を 1 か 0 で返します。C 言語では，ゼロでない値は真を表すため，a (3) は真であり，式 !a (14 行目) の値は 0（偽）となります。

ポイント

☞ 比較や論理演算など，条件の成立不成立を調べる演算子の結果は 0 か 1 になる。

発 展

入力された 2 つの整数 a と b について，以下の 5 つの条件のうち何個が成立しているか表示するプログラムを作成せよ。

- $a \neq b$
- $a < b$
- $0 \leq a \leq 5$
- $0 < b < 3$ でない
- a が C 言語の真偽値として真

```
$ ./a.out↵
aの値? 0↵
bの値? 0↵
```

```
2個の式が成立しています
$ ./a.out⏎
aの値? 2⏎
bの値? 3⏎
5個の式が成立しています
$ ./a.out⏎
aの値? 5⏎
bの値? 5⏎
3個の式が成立しています
$
```

▶ 2.7 キャストによる型変換 —— 小数点以下第3位を切り捨てる ◀

例題 2.7 入力された正の実数の小数点以下第3位を切り捨てて表示するプログラムを作成せよ。

```
$ ./a.out⏎
値? 1.2367⏎
1.230000
$
```

考え方

double 型の数値を int 型に変換すると，小数点以下が無視されるので，小数点以下の切り捨てになります。入力された数を100倍してから int 型に変換し，それを100で割ると，小数点以下第3位を切り捨てることができます。

解答例

───── プログラム 2-7 ─────
```
 1  #include <stdio.h>
 2
 3  int main(void) {
 4      double d, e;
 5
 6      printf("値? ");
 7      scanf("%lf", &d);
 8      e = (int)(d * 100) / 100.0;   // intへのキャストで小数点以下が切り捨てられる
 9      printf("%f\n", e);
10      return 0;
11  }
```

解説

100倍してから int 型に**型変換**するのに**キャスト**演算を使っています（8行目）。(《型》)《式》

とすると，《式》の値を《型》に変換した値が得られます．d が double 型なので，d * 100 は double 型となります．これを int 型にキャストすることで小数点以下を切り捨てます．

ポイント

☞ キャストを使うとデータの型を変換できる．

発　展

　入力された正の実数の小数点以下第 3 位を四捨五入して表示するプログラムを作成せよ．💡 **ヒント** 正の実数に 0.5 を加え，小数点以下を無視すると小数点以下四捨五入になる．

```
$ ./a.out↵
値? 1.2345↵
1.230000
$ ./a.out↵
値? 1.2367↵
1.240000
$
```

▶ 2.8　副作用のある演算子 ── 順列の総数を求める ◀

例題 2.8　それぞれ異なるカードが n 枚あり，そこから順に r 枚引いて一列に並べるとき，並べ方は次の式で表される p 通りある．

$$n \text{ 枚から } r \text{ 枚を引く順列の総数 } p = \underbrace{n \times (n-1) \times (n-2) \times \cdots}_{r \text{ 個}}$$

例えば 6 枚のカードから 3 枚引いて並べるなら，$6 \times 5 \times 4 = 120$ 通りとなる．カードの枚数と引く枚数を入力すると，順列の総数を表示するプログラムを作成せよ．

```
$ ./a.out↵
カードは全部で何枚? 6↵
何枚並べる? 3↵
並べ方は120通りあります
$
```

考　え　方

　r 回繰り返すループを使って，n を 1 ずつ減らしながら掛けていきます．

解　答　例

プログラム 2-8

```
1   #include <stdio.h>
2
3   int main(void) {
4       int i, n, r, p;
5
6       printf("カードは全部で何枚? ");
7       scanf("%d", &n);
8       printf("何枚並べる? ");
9       scanf("%d", &r);
10      p = 1;
11      for (i = 0; i < r; i++)
12          p *= n--;
13      printf("並べ方は%d通りあります\n", p);
14      return 0;
15  }
```

解　説

r回繰り返すループ（11〜12行目）で，nを -- **演算子**で減らしながら掛けていきます。まずpを1にして（10行目），ループ本体でp *= n-- という演算をしています。式n-- の値は，1減らす**前の**nの値です。それをpに掛けてから1減らします。以下のコードと同じような動作です。

```
p = p * n;
n--;
```

もし p *= --n と書いたなら，--n の式の値は1減らした**後の**値となり，それを掛けることになります。このように後置と前置とで，得られる**式の値**が1減らす前か後かの違いがあります。++**演算子**についても同様です。式の評価において，式の値を得る以外に何か状態変化を起こすこと（変数の値を変える，ファイルに書き込むなど）を**副作用**といいます。++演算子や -- 演算子は，その副作用として変数の値を増減します。

ポ イ ン ト

☞　副作用がある演算を行う場合には，状態変化と式の値の関係に気をつけよう。

発　展

それぞれ異なっているカードの枚数nと，そこから引く枚数rを入力すると，可能な組合せの総数を表示するプログラムを作成せよ。組合せの総数は次の式で求まる。

$$《n 枚から r 枚を引く組合せの総数》= \frac{《n 枚から r 枚を引く順列の総数》}{r \times (r-1) \times \cdots \times 2 \times 1}$$

例えば52枚のトランプから5枚引くなら以下のようになる。

```
$ ./a.out↵
カードは全部で何枚? 52↵
引く枚数? 5↵
組合せは2598960通りあります
$
```

▶ 2.9　代入式の値 ── くじ引きプログラム ◀

例題 2.9　くじ引きをシミュレートするプログラムを作成せよ。結果が一定にならないように，キーボードから擬似乱数の種を受け取り，rand 関数を使って 1 から 10 までの乱数（1 等賞から 10 等賞まで）を次々と発生して画面に表示する。1 等賞が出たらそこで実行を終了する。

```
$ ./a.out↵
種? 12↵
5等です
2等です
4等です
2等です
9等です
1等大当たり！
$
```

考　え　方

rand で得られる値を 10 で割った余りは 0 から 9 までの乱数になり，それに 1 を足せば 1 から 10 までの乱数になります。それが 1 でない間繰り返すループを作りましょう。

解　答　例

─────── プログラム 2-9 ───────
```
 1  #include <stdio.h>
 2  #include <stdlib.h>
 3
 4  int main(void) {
 5      unsigned int seed;
 6      int x;
 7
 8      printf("種? ");
 9      scanf("%u", &seed);
10      srand(seed);
11      while ((x = rand() % 10 + 1) != 1)
12          printf("%d等です\n", x);
13      printf("1等大当たり！\n");
14      return 0;
15  }
```

解説

=演算子は変数に値を**代入**し，その代入式の値は代入後の左辺（つまり代入された変数）の値になります。while 文の条件式（11 行目）は (x = 《乱数を得る式》) != 1 となっています。これは，まず x に乱数を代入して，その x の値が 1 でないなら，という条件です。ライブラリ関数から得られる値でループを制御する場合にこの形の式をよく用います。

ポイント

☞ 代入式は値を持ち，その値は代入後の左辺の値になる。

発展

double 型の変数 x と pi, int 型の変数 i を用意して，x = i = pi = 3.14; という文を実行すると，それぞれの部分式の型と値は何になり，各変数の値はいくつになるか。予想してからプログラムを作成・実行し，変数の値が予想通りになったかどうか確かめよ。

▶ 2.10 オペランドの評価順序 —— お菓子を配る ◀

例題 2.10 イベントの参加者にお菓子を配る。各参加者に同じ数だけ配るとして，用意したお菓子の数と参加者数を入力すると，残さず配りきれるかどうかを判定するプログラムを作成せよ。参加者数は 0 人以上とする。

```
$ ./a.out⏎
お菓子の個数? 100⏎
人数? 50⏎
配り切れます
$ ./a.out⏎
お菓子の個数? 100⏎
人数? 33⏎
余ります
$ ./a.out⏎
お菓子の個数? 100⏎
人数? 0⏎
余ります
$
```

考え方

割り切れるかどうかの判定には % 演算子を使います。参加者数が 0 人の場合に気をつけましょう。

解　答　例

```
                              ─── プログラム 2-10 ───
 1  #include <stdio.h>
 2
 3  int main(void) {
 4      int npeople, ncakes;
 5
 6      printf("お菓子の個数? ");
 7      scanf("%d", &ncakes);
 8      printf("人数? ");
 9      scanf("%d", &npeople);
10      if (npeople != 0 && ncakes % npeople == 0)
11          printf("配り切れます\n");
12      else
13          printf("余ります\n");
14      return 0;
15  }
```

解　説

個数を人数で割った余りが0かどうかで判定ができるので，ncakes % npeople == 0 が配り切れる条件になりそうですが，これだと人数が0の場合に**0除算**となり，実行時エラーとなるでしょう．そこで，人数が0でなく，さらに ncakes % npeople == 0 なら配り切れる，とするために，10行目のif文に次のような条件式を与えました．

　　　　npeople != 0 && ncakes % npeople == 0

この式でも，人数が0のときには，論理AND演算子&&の右オペランドが相変わらず0での除算になります．これで差し支えないのは，論理AND演算子ではオペランドの**評価順序**が決まっていて，左オペランドを評価して偽だったら右オペランドは評価せずに結果を偽とする規則になっているからです．上の式の場合，人数が0なら左オペランドが偽になるので，右オペランドにある%の計算をせず，0除算は起きません．

　C言語の演算子で，このようにオペランドの評価順序が決まっているものは，論理AND演算子&&，論理OR演算子||，条件演算子?: の3つです．他の演算子ではオペランドの評価順序は決まっていないので注意しましょう．

ポ　イ　ン　ト

☞　論理AND演算子&&，論理OR演算子||，条件演算子?: では，オペランドの評価順序が決まっている．

発　　　展

プログラム2-10の10～13行目にあるif文を，以下のようにprintfを入れ替えた上で論理OR演算子||を使って書き換えて，同じ結果が得られるようにせよ．

```
if ( ここと || ここを書く )
    printf("余ります\n");
else
    printf("配り切れます\n");
```

▶ 2.11 型が表現できる範囲 ── オーバフローとアンダフロー ◀

例題 2.11 ヘッダ limits.h を取り込むと定義される定数 INT_MAX の値を表示してから，以下の3つの式の値を表示するプログラムを作成せよ．

```
INT_MAX * 2
INT_MAX * 2 / 3
INT_MAX / 3 * 2
```

考え方

ヘッダ **limits.h** を取り込むと，整数型の限界に関するいくつかの定数が使えるようになります．INT_MAX は int 型で表現できる最大の値を表す定数です．

設問にある式はすべて int 型で計算されますが，計算結果や途中経過に int 型で表現できない値があります．結果の表示は printf の d 変換で行えばよいでしょう．

解答例

──── プログラム 2-11 ────
```
1   #include <stdio.h>
2   #include <limits.h>
3
4   int main(void) {
5       printf("INT_MAX = %d\n", INT_MAX);
6       printf("INT_MAX * 2 = %d\n", INT_MAX * 2);
7       printf("INT_MAX * 2 / 3 = %d\n", INT_MAX * 2 / 3);
8       printf("INT_MAX / 3 * 2 = %d\n", INT_MAX / 3 * 2);
9       return 0;
10  }
```

実行例

実行結果は処理系や環境によって違います．以下は一例です．

```
$ ./a.out ⏎
INT_MAX = 2147483647
INT_MAX * 2 = -2
```

```
INT_MAX * 2 / 3 = 0
INT_MAX / 3 * 2 = 1431655764
$
```

解説

　この処理系における int 型の最大値は 2 147 483 647 であることが「実行例」から分かります。`INT_MAX * 2` という計算（6行目）は，`INT_MAX` が int 型，2 も int 型なので，int 型で計算され，結果が `INT_MAX` より大きくなって**オーバフロー**が発生し，おかしな値（−2）になりました（「実行例」3行目）。

　`INT_MAX * 2 / 3`（「解答例」7行目）の値は `INT_MAX` より小さいはずですが，計算は (`INT_MAX * 2`) `/ 3` のように行われ，乗算でオーバフローして結果がおかしくなります（「実行例」4行目）。乗算と除算の順序を入れ替えて `INT_MAX / 3` の値に 2 を掛ければ（「解答例」8行目）オーバフローは起きず，妥当な結果が得られます（「実行例」5行目の 1 431 655 764）。

　浮動小数点型ではオーバフローだけでなく**アンダフロー**も起きるので注意が必要です。

ポイント

☞　各型で表現できる値の範囲を意識しよう。
☞　極端な値を扱う場合には，計算過程のオーバフローやアンダフローに注意しよう。

発展

　指数部を伴った 1.6e-19 のような形式（これは 1.6×10^{-19} を表す）での実数の入力を読み取り，それを float 型の変数に入れて，その 2 乗を同様の形式で表示するプログラムを作成せよ。指数部を伴った形式での入出力は，scanf や printf の **e 変換**（%e）で行える。

```
$ ./a.out
指数表現（3e-20など）で数値を入力して下さい: 3e-20
2乗したら8.999994e-40になりました
$
```

　作ったプログラムを何度か実行し，その度に入力する数の絶対値をどんどん小さくしていく（例えば 3e-20, 3e-21, 3e-22, などと変えていく）と，いつかアンダフローが発生して，表示される結果が正しい値から大きく外れるか，ゼロになってしまうだろう。自分の使っている処理系で，どのくらいの値でアンダフローが発生するか確認せよ。

2.12　浮動小数点数の誤差 —— 1/N を N 回足す

例題 2.12　C言語で数値を扱う型の大きさは有限で，このため double 型などの浮動小数点型では実数を正確に表せないことがある．これを確認するために，正の整数 N を入力すると，1/N を求め，繰り返しを使ってその値を N 回足した値を計算して，それが 1.0 と等しいか表示するプログラムを作成し，いくつか値を入力して，1.0 に戻るか試してみよ．

```
$ ./a.out⏎
正の整数を1つ入れて下さい 4⏎
0.250000を4回足すと1.000000
戻りました
$ ./a.out⏎
正の整数を1つ入れて下さい 6⏎
0.166667を6回足すと1.000000
戻りません
$ ./a.out⏎
正の整数を1つ入れて下さい 11⏎
0.090909を11回足すと1.000000
戻りません
$
```

考 え 方

入力は整数なので int 型の変数で受け取り，計算は double 型で行いましょう．

解 答 例

プログラム 2-12

```c
1   #include <stdio.h>
2
3   int main(void) {
4       int n, i;
5       double n_inv, is_one;
6
7       printf("正の整数を1つ入れて下さい ");
8       scanf("%d", &n);
9       n_inv = 1.0 / n;          // nはintなので1.0と演算してdoubleにする
10      is_one = 0;
11      for (i = 0; i < n; i++)   // 1/nをn回足す
12          is_one += n_inv;
13      printf("%fを%d回足すと%f\n", n_inv, n, is_one);
14      if (is_one == 1.0)
15          printf("戻りました\n");
16      else
17          printf("戻りません\n");
18      return 0;
19  }
```

解　説

設問中の実行例を見ると和が 1 に戻っていないものがあります。printf への書式指定は %f で（13 行目），精度（小数点以下の表示桁数）は無指定時の 6 桁です。このため和が 1.000000 と表示され 1 に等しく見えますが，「戻りません」と表示されていて，正確には 1 に戻っていないことが分かります。浮動小数点型の表現や計算に**誤差**があるからです。このため浮動小数点数を == や != で比較するコードを書くことはほとんどありません。

ポイント

☞　浮動小数点型は正確な値を表せないことがあり，そのため計算に誤差が発生する。
☞　浮動小数点数を == や != で比較するコードはめったに書かない。

発　展

和と 1 との差を「《仮数部》e±《指数部》」という形式で表示するように例題 2.12 のプログラムを改良せよ。指数部を伴った形式での表示には printf の e 変換を用いるとよい。

```
$ ./a.out ↵
正の整数を1つ入れて下さい 5 ↵
0.200000を5回足すと1.000000, 1との差は0.000000e+00
戻りました
$ ./a.out ↵
正の整数を1つ入れて下さい 6 ↵
0.166667を6回足すと1.000000, 1との差は1.110223e-16
戻りません
$ ./a.out ↵
正の整数を1つ入れて下さい 11 ↵
0.090909を11回足すと1.000000, 1との差は-2.220446e-16
戻りません
$
```

3 繰り返しと場合分け

　プログラムの動作を制御する基本となる構造が，**繰り返し**（**ループ**）と**場合分け**です。繰り返しの**制御構造**には while 文，for 文，do-while 文があります。それぞれの動作を理解し，行いたい処理に応じて適切に使い分けましょう。場合分けのための制御構造には if 文や switch 文があります。switch 文は整数の定数を利用した場合分けで，if 文よりも簡潔に記述できることがあります。

　制御構造は，ループの本体内に場合分けを入れたり，場合分けの中にループを入れたりするなど，**入れ子**にできます。繰り返しを入れ子にする**二重ループ**も，実用的なプログラムでよく使われます。

▶ 3.1　回数の決まっている繰り返し ── 平均点を求める ◀

例題 3.1　科目数とそれぞれのテストの成績（0 から 100 点）を入力すると，それらの平均点を求めて表示するプログラムを作成せよ。

```
$ ./a.out↵
科目数? 4↵
科目1の点数? 80↵
科目2の点数? 100↵
科目3の点数? 75↵
科目4の点数? 62↵
平均79.2点
$
```

考え方

　入力された科目数だけ繰り返すループを作りましょう。繰り返し回数があらかじめ決まっている場合には **for 文**が便利です。

解答例

―― プログラム 3-1 ――
```
1   #include <stdio.h>
2
3   int main(void) {
4       int n, i, score;
```

```
 5      double sum;                         // sum/nがdoubleで計算されるように
 6
 7      printf("科目数? ");
 8      scanf("%d", &n);
 9
10      sum = 0;
11      for (i = 1; i <= n; i++) {
12          printf("科目%dの点数? ", i);
13          scanf("%d", &score);
14          sum += score;                   // sumにscoreを足し込む
15      }
16      printf("平均%.1f点\n", sum/n);   // （合計点/科目数）が平均点
17      return 0;
18  }
```

解説

テストの点数は整数ですが，平均を求めるときに int 型の変数 n で割るので（16 行目の sum/n）そのときに実数として計算されるように変数 sum を double 型の変数にしました（5 行目）。for 文には，まず変数 i を 1 にし，i が n 以下の間繰り返し，ループ本体の実行後に i を 1 ずつ増やす，という指定をしました（11 行目）。これにより i を 1 から n まで変えつつ本体（12〜14 行目）を n 回実行します。

ポイント

☞ あらかじめ回数が決まっている繰り返しは for 文を使うと便利である。

発展

正の整数 x と y を入力すると，繰り返しを使って x の y 乗（x^y）を計算して表示するプログラムを作成せよ。

```
$ ./a.out⏎
xのy乗を求めます
x? 2⏎
y? 12⏎
2の12乗は4096です
$
```

▶ 3.2 繰り返しと場合分けの組合せ —— 成績評価点平均を求める ◀

例題 3.2 テストの成績とその科目の単位数をキーボードから読み込み，成績評価点平均（GPA）を表示するプログラムを作成せよ。

```
$ ./a.out ⏎
科目数? 4 ⏎
科目1の点数? 80 ⏎
科目1の単位数? 2 ⏎
科目2の点数? 100 ⏎
科目2の単位数? 1 ⏎
科目3の点数? 75 ⏎
科目3の単位数? 2 ⏎
科目4の点数? 62 ⏎
科目4の単位数? 3 ⏎
GPA 2.125
$
```

GPA は次のように求める。各科目のテストの成績（0 点から 100 点）に対して，以下の成績評価点を与える。

- 90 点以上 100 点以下なら 4 ポイント
- 80 点以上 90 点未満なら 3 ポイント
- 70 点以上 80 点未満なら 2 ポイント
- 60 点以上 70 点未満なら 1 ポイント
- 60 点未満なら 0 ポイント

科目 1 の成績評価点を P_1，単位数を C_1，科目 2 の成績評価点を P_2，単位数を C_2 などとし，次の式で求まる値を GPA とする。

$$\mathrm{GPA} = \frac{P_1 C_1 + P_2 C_2 + \cdots}{C_1 + C_2 + \cdots}$$

考え方

GPA の式の分子は「成績評価点×単位数」の合計で，分母は単位数の合計です。繰り返しを使ってこれらを求めて，最後に割り算をします。

解答例

──────── プログラム 3-2 ────────

```
1   #include <stdio.h>
2
3   int main(void) {
4       int n, score, gp, cred;   // 科目数，テストの点数，成績評価点，単位数
5       int credits;              // 単位数の総和
6       double wgps;              // 成績評価点の加重和
7
8       printf("科目数? ");
9       scanf("%d", &n);
10
11      wgps = 0;
12      credits = 0;
13      for (int i = 1; i <= n; i++) {
```

```
14          printf("科目%dの点数? ", i);
15          scanf("%d", &score);
16          if (score >= 90)
17              gp = 4;
18          else if (score >= 80)
19              gp = 3;
20          else if (score >= 70)
21              gp = 2;
22          else if (score >= 60)
23              gp = 1;
24          else
25              gp = 0;
26          printf("科目%dの単位数? ", i);
27          scanf("%d", &cred);
28          credits += cred;                    // 単位数を累加
29          wgps += gp * cred;                  // 加重和を求めていく
30      }
31      printf("GPA %.3f\n", wgps / credits);   // GPA = 加重和 / 総単位数
32      return 0;
33  }
```

解　説

科目数だけ回るループ（13〜30 行目）の本体に，成績評価点を求める場合分け（16〜25 行目）を入れました．変数 i は for 文の中だけで使うのでそこで宣言しました（13 行目）[†]．成績評価点×単位数の和（加重和）を求めていき（29 行目），ループを抜けてから，その加重和を総単位数で割った値（加重平均）を GPA として表示します（31 行目）．

ポイント

☞　ループ変数は for 文の中で宣言できる．

☞　繰り返し（for 文など）や場合分け（if 文など）は自由に入れ子にできる．

発　展

りんごの個数と，それぞれのりんごの重さを入力すると，一番軽いものと一番重いものを表示するプログラムを作成せよ．

```
$ ./a.out⏎
りんごの個数? 5⏎
重さ[g]? 320⏎
重さ[g]? 301⏎
重さ[g]? 278⏎
重さ[g]? 299⏎
重さ[g]? 315⏎
一番軽いもの 278 g, 一番重いもの 320 g
$
```

[†] for 文の中での変数宣言は比較的新しい C 言語の機能です．使っている処理系でこれがエラーとなる場合には，他の変数と同様に int main(void) { のすぐ下で宣言して下さい．

▶ 3.3 switch 文 —— 電卓プログラム ◀

例題 3.3 2つの実数を入力し，さらに四則演算のどれかを整数で指定すると，その計算結果を表示するプログラムを作成せよ。

```
$ ./a.out⏎
x? 1.5⏎
y? 2.2⏎
演算を選んで下さい 1:加算，2:減算，3:乗算，4:除算? 4⏎
答え 0.681818
$
```

考　え　方

演算が整数で指定されるので，場合分けをするのに switch 文が便利でしょう。

解　答　例

―― プログラム 3-3 ――
```
 1   #include <stdio.h>
 2
 3   int main(void) {
 4       double x, y, answer;
 5       int oper;
 6
 7       printf("x? ");
 8       scanf("%lf", &x);
 9       printf("y? ");
10       scanf("%lf", &y);
11       printf("演算を選んで下さい 1:加算，2:減算，3:乗算，4:除算? ");
12       scanf("%d", &oper);
13       switch (oper) {
14           case 1:
15               answer = x + y;
16               break;
17           case 2:
18               answer = x - y;
19               break;
20           case 3:
21               answer = x * y;
22               break;
23           case 4:
24               answer = x / y;
25               break;
26           default:                                    // エラーの場合
27               printf("演算の指定が間違っています\n");
28               return 0;                              // プログラム終了
29       }
30       printf("答え %f\n", answer);
31       return 0;
32   }
```

解　説

switch 文は，**case ラベル**の定数と比較して一致するかどうかで場合分けを行います。case ラベルの定数は整数に限られます。この例題では加減乗除を 1 から 4 の整数で指定するので switch 文が適しています。変数 oper の値がいずれかの case ラベルの定数と等しいなら，そのラベルがついた文に制御が移ります。例えば oper が 1 なら，`case 1:` というラベル（14 行目）がついた文（15 行目）に飛びます。それぞれの場合の処理の最後に **break 文**を書き（16 行目など），switch 文を抜けるようにします。この break 文がないと次にある別の場合の処理を続けて実行してしまいます。

switch 文の case ラベルとして 1 から 4 までがあるので，それ以外（の誤った値）が演算として指定された場合には **default ラベル**（26 行目）がついた文（27 行目の printf）に制御が移り，エラーメッセージを表示して，return 文（28 行目）でプログラムの実行を終了します†。

ポ イ ン ト

☞　整数の定数と等しいかどうかで場合分けできるときには switch 文が利用できる。
☞　break 文を忘れないようにしよう。

発　展

例題 3.3 のプログラムを改良し，加減乗除の指定を 1 から 4 の整数でなく，以下のように「+」「-」「*」「/」という文字で指定できるようにせよ。💡**ヒント** 文字は整数である。

```
$ ./a.out⏎
演算を選んで下さい +:加算，-:減算，*:乗算，/:除算? *⏎
x? 1.5⏎
y? 2.2⏎
答え 3.300000
$
```

▶ 3.4　乱数を使う —— じゃんけんプログラム ◀

例題 3.4　コンピュータとじゃんけんするプログラムを作成せよ。あいこの場合もそのまま終わらせること。コンピュータの手は rand 関数を使って生成せよ。

---

†　`return 0;` はプログラムの成功終了を環境（CLI や OS など）に伝える終了方法です。失敗終了を伝えたい場合には 6.8 節に示すように `EXIT_FAILURE` を使います。

```
$ ./a.out⏎
あなたの手 ぐう=0 ちょき=1 ぱあ=2 ? 2⏎
コンピュータ ぐう, あなた ぱあ
あなたの勝ちです！
$ ./a.out⏎
あなたの手 ぐう=0 ちょき=1 ぱあ=2 ? 1⏎
コンピュータ ちょき, あなた ちょき
あいこです
$
```

考え方

rand 関数は 0 から RAND_MAX までの乱数を与えるので，これを 3 で割った余り 0, 1, 2 でコンピュータの手を生成しましょう．よりランダムになるように，現在時刻を使って srand(time(0)); として擬似乱数の種を与えましょう．ライブラリ関数 **time** は現在時刻を表す数を与えます．UNIX 系の処理系では 1970 年 1 月 1 日 0 時 0 分 0 秒からの現在までの秒数です．time を使うにはヘッダ time.h が必要です．

解答例

―― プログラム 3-4 ――

```
 1  #include <stdio.h>
 2  #include <stdlib.h>
 3  #include <time.h>
 4
 5  int main(void) {
 6      int u_hand, c_hand;
 7
 8      printf("あなたの手 ぐう=0 ちょき=1 ぱあ=2 ? ");
 9      scanf("%d", &u_hand);
10
11      /* コンピュータの手を決める */
12      srand(time(0));
13      c_hand = rand() % 3;                // 0から2までの整数の乱数を生成
14
15      printf("コンピュータ ");
16      switch (c_hand) {
17          case 0: printf("ぐう"); break;
18          case 1: printf("ちょき"); break;
19          case 2: printf("ぱあ"); break;
20      }
21      printf(", あなた ");
22      switch (u_hand) {
23          case 0: printf("ぐう"); break;
24          case 1: printf("ちょき"); break;
25          case 2: printf("ぱあ"); break;
26      }
27      printf("\n");
28      if (u_hand == c_hand)
29          printf("あいこです\n");
30      else if ((u_hand + 1) % 3 == c_hand)  // 3を法とする合同を利用
31          printf("あなたの勝ちです！\n");
```

```
32          else
33              printf("あなたの負けです…\n");
34      return 0;
35  }
```

解説

13行目でコンピュータの手を生成しています。rand() % 3 で0か1か2が得られるので，それをコンピュータの手とします。あなたの手もコンピュータの手も0か1か2なので，switch文を使って表示します（15〜27行目）。

勝ち負けの条件をすべてif〜else ifで書くと場合の数が多くて大変なので，次のように勝ち負けを判定しています。0と1と2しか整数がない世界を考えます。2の次の数は0とし，2+1=0とします。2+2=1です。ぐうちょきぱあでいうと，ぐう（0）の次がちょき（1），その次がぱあ（2）で，さらにその次はぐう（0）となります。あなたとコンピュータの手の関係を考えると

あなたの手 (u_hand)：　ぐう=0　ちょき=1　ぱあ=2
コンピュータの手 (c_hand)：　ぐう=0　ちょき=1　ぱあ=2　ぐう=0

どの組合せでも，u_hand + 1 = c_hand（上の世界で）ならあなたの勝ちです。この条件は (u_hand + 1) % 3 == c_hand と書けます（30行目）。u_handが0, 1, 2のとき，==の左辺は1, 2, 0となって，上の関係を表していることが分かります。

ポイント

☞ 望みの条件判断ができるか，簡潔に書けるかを考えて，if文とswitch文を使い分けよう。

発展

[**モンテカルロ法**]　0から1までの範囲の実数の乱数を2つ発生させ，それぞれを x と y として得られる座標 (x, y) は，**図 3.1** に示す $0 \leq x \leq 1$ および $0 \leq y \leq 1$ の範囲にある。座標 (x, y) が図に示す四分円の中なら，原点Oからの距離が1以内つまり $x^2 + y^2 \leq 1$ となる。何度も (x, y) を生成したとき，それが図の範囲に一様に散らばるなら，四分円の内側に入る確率は，この範囲の正方形の面積1に対する，四分円の面積 $\pi/4$ の割合に近くなるだろう。擬似乱数を使っ

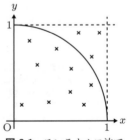

図 3.1 モンテカルロ法で円周率を求める

てこれを1万回繰り返して，四分円の内側に入った回数 n と，$4n/10\,000$（円周率に近くなるはずである）を表示するプログラムを作成せよ。💡**ヒント** rand が与える整数の乱数から0以上1以下の乱数を作り出すのに乱数の最大値 RAND_MAX が利用できる。

```
$ ./a.out ↵
内側7794回, 3.1176
$ ./a.out ↵
内側7834回, 3.1336
$
```

▶ 3.5 二重ループ（1）── 九九の表を表示する ◀

例題 3.5 二重ループを使って九九の表を表示するプログラムを作成せよ。

```
$ ./a.out ↵
     | 1| 2| 3| 4| 5| 6| 7| 8| 9|
-----+--+--+--+--+--+--+--+--+--+
1の段| 1| 2| 3| 4| 5| 6| 7| 8| 9|
2の段| 2| 4| 6| 8|10|12|14|16|18|
3の段| 3| 6| 9|12|15|18|21|24|27|
4の段| 4| 8|12|16|20|24|28|32|36|
5の段| 5|10|15|20|25|30|35|40|45|
6の段| 6|12|18|24|30|36|42|48|54|
7の段| 7|14|21|28|35|42|49|56|63|
8の段| 8|16|24|32|40|48|56|64|72|
9の段| 9|18|27|36|45|54|63|72|81|
$
```

考 え 方

変数 i を 1 にして，i の段（つまり 1 の段）の 1 行を表示します。次に i を 1 増やして，また i の段（今度は 2 の段）の 1 行を表示します。これを繰り返します。各行の内容を横に表示するのにまたループを使います。全体は二重ループとなります。

解 答 例

─────── **プログラム 3-5** ───────
```
1   #include <stdio.h>
2
3   int main(void) {
4       int i, j;
5
6       printf("     | 1| 2| 3| 4| 5| 6| 7| 8| 9|\n");
7       printf("-----+--+--+--+--+--+--+--+--+--+\n");
```

```
 8      for (i = 1; i <= 9; i++) {
 9          printf("%dの段|", i);
10          /* iの段を表示する */
11          for (j = 1; j <= 9; j++)
12              printf("%2d|", i*j);
13          printf("\n");
14      }
15      return 0;
16  }
```

解　　説

外側のループ（8～14行目）のループ変数iでiの段を表し，それぞれのiの値に対してループ変数jを使って内側のループ（11～12行目）を回し，i*jの値を表示します．1つの段を表示し終わったら改行します（13行目）．

ポイント

☞　表を扱うときには二重ループを使うことが多い．

発　　展

$y = x^2$ のグラフを表示するプログラムを作成せよ．x 軸は下向き，y 軸は右向きで，$-1 \leq x \leq 1$ と $-1 \leq y \leq 1$ の範囲をおよそ縦20文字×横40文字の範囲に表示せよ．

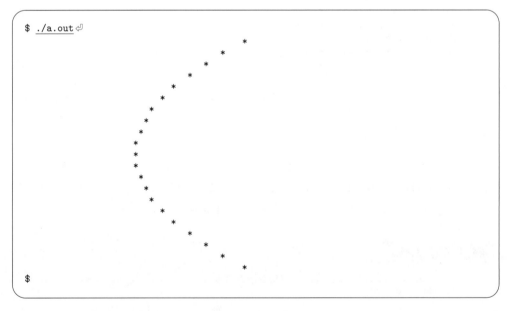

ただし，プログラム中の $y = x^2$ の計算式を $y = x^3$ の計算式に差し替えるだけで，$y = x^3$ のグラフが同様に表示されるようにすること．

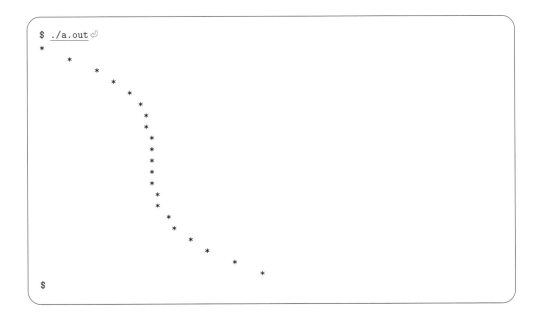

▶ 3.6 二重ループ（2）—— 完全数を求める ◀

例題 3.6 1 から 10 000 までの整数のうち完全数を見つけて表示するプログラムを作成せよ。完全数とは，その数の約数（自分自身は除く）の和がその数自身になる数のことである。例えば 6 の約数は 1, 2, 3, 6 で，6 を除く約数の和 $1 + 2 + 3$ が 6 になり自分自身なので，6 は完全数である。

考え方

ループ変数を i とし，i を 1 から 10 000 まで変えながら回るループを作ります。ループ本体では 1 から $(i - 1)$ までのそれぞれが i の約数かどうか調べ，約数であるものの和を求めます。これもループになるため，全体として二重ループになります。

解 答 例

―― プログラム 3-6 ――
```
1   #include <stdio.h>
2
3   int main(void) {
4       int i, j, sum;
5
6       i = 1;
7       while (i <= 10000) {
8           sum = 0;
```

```
 9            /* iの約数を探して和を求める */
10            j = 1;
11            while (j < i) {      // iより小さい数について
12                if (i % j == 0)  // それが約数なら
13                    sum += j;    // sumに足し込む
14                j++;
15            }
16            /* 約数の和が自身に一致したら完全数なので表示 */
17            if (sum == i)
18                printf("%d\n", i);
19            i++;
20        }
21        return 0;
22    }
```

実 行 例

1 から 10 000 までにある完全数は 6, 28, 496, 8 128 の 4 つです。

```
$ ./a.out↵
6
28
496
8128
$
```

解　　説

i を使ったループ（7〜20 行目）で，それぞれの i の値が完全数かどうか調べるために，j を使ったループ（11〜15 行目）で約数を探して和を求めています。j が i の約数である条件は i % j == 0 です（12 行目）。このプログラムでは while 文を使いましたが，for 文を使って書くこともできます。

ポ イ ン ト

☞　繰り返しの 1 回 1 回についてまた何かを繰り返す処理は二重ループで書ける。

発　　展

入力された数以下のすべての**素数**を表示するプログラムを作成せよ。素数とは，2 以上の整数で，1 と自分自身でしか割り切れない数のことである。n が素数かどうか調べるには，2 から $(n-1)$ までの数それぞれで割り切れるかどうか試せばよい。

```
$ ./a.out↵
いくつまでの素数を表示する? 50↵
2 3 5 7 11 13 17 19 23 29 31 37 41 43 47
$
```

▶ 3.7 無限ループ —— あいこなら続けるじゃんけんプログラム ◀

例題 3.7 コンピュータとじゃんけんをする例題 3.4 のプログラムを，以下のようにあいこなら勝負がつくまで続けるように改良せよ．

```
$ ./a.out↵
あなたの手 ぐう=0 ちょき=1 ぱあ=2 ？ 1↵
コンピュータ ちょき，あなた ちょき
あいこでしょ
あなたの手 ぐう=0 ちょき=1 ぱあ=2 ？ 1↵
コンピュータ ちょき，あなた ちょき
あいこでしょ
あなたの手 ぐう=0 ちょき=1 ぱあ=2 ？ 1↵
コンピュータ ぐう，あなた ちょき
あなたの負けです…
$
```

考え方

勝負がつくまで何度でもじゃんけんをするので繰り返しを使います．例題 3.4 のコードのうち，あなたの手の入力，コンピュータの手の生成，勝敗判定の部分をループの本体に入れます．ループの終了条件は勝負がつくことです．これは本体の実行（じゃんけん）をしないと分からないので，無限ループや do-while 文が適しているでしょう．

解答例

───── プログラム 3-7 ─────

```c
1   #include <stdio.h>
2   #include <stdlib.h>
3   #include <time.h>
4
5   int main(void) {
6       int u_hand, c_hand;
7
8       srand(time(0));                  // 乱数の種を与えるのは最初に一度だけ
9       for (;;) {
10          printf("あなたの手 ぐう=0 ちょき=1 ぱあ=2 ？ ");
11          scanf("%d", &u_hand);
12
13          c_hand = rand() % 3;         // 0から2までの整数の乱数を生成
14          printf("コンピュータ ");
15          switch (c_hand) {
16              case 0: printf("ぐう"); break;
17              case 1: printf("ちょき"); break;
18              case 2: printf("ぱあ"); break;
19          }
20          printf("，あなた ");
21          switch (u_hand) {
```

```
22              case 0: printf("ぐう"); break;
23              case 1: printf("ちょき"); break;
24              case 2: printf("ぱあ"); break;
25          }
26          printf("\n");
27          if (c_hand != u_hand)         // 勝負がついた
28              break;
29          printf("あいこでしょ\n");
30      }
31      if ((u_hand + 1) % 3 == c_hand)    // 3を法とする合同を利用
32          printf("あなたの勝ちです！\n");
33      else
34          printf("あなたの負けです…\n");
35      return 0;
36  }
```

解説

プログラム 3-4 のコードの大部分を for 文（9 行目）の本体に入れました。for (;;) とすると何回でも繰り返す**無限ループ**になります。ループ本体の最後で，あいこでなければ break 文を実行してループを抜けます（27〜28 行目）。勝敗はループの外で表示します（31〜34 行目）。この無限ループを使ったコードは次のような作りになっていますが

```
for (;;) {
    /* 省略 */
    if (c_hand != u_hand)   // 勝負がついた
        break;
    printf("あいこでしょ\n");
}
```

do-while 文を使ってこれを以下のように書くこともできます。

```
do {
    /* 省略 */
    if (u_hand == c_hand)
        printf("あいこでしょ\n");
} while (u_hand == c_hand);
```

ポイント

☞ ループ本体を実行しないとループ終了が分からないような繰り返しでは，do-while 文や，無限ループと break 文の組合せが便利である。

発展

1 から 10 までの数を 1 つランダムに生成して，ユーザに当てさせるような数当てゲームのプログラムを作成せよ。答えられる回数は 3 回までとしよう。

```
$ ./a.out⏎
1から10までのどれかの数を用意しました！
```

```
いくつだと思う？ 2
もっと大きいよ
いくつだと思う？ 5
正解！！！
$ ./a.out
1から10までのどれかの数を用意しました！
いくつだと思う？ 4
もっと大きいよ
いくつだと思う？ 7
もっと小さいよ
いくつだと思う？ 6
残念でした
$
```

3.8 繰り返しの使い分け —— 賭けじゃんけんプログラム

例題 3.8 例題 3.7 のプログラムを拡張し，次のようなルールで遊べるようにせよ．

- 最初の所持金を 200 円とする
- 1 回じゃんけんをするたびに掛け金として 100 円払う（勝負がつくまでを 1 回のじゃんけんとする）
- じゃんけんに負けると掛け金は没収される
- じゃんけんに勝つと 200 円が払い戻される（つまり所持金が 100 円増える）
- 所持金が 0 円になるか 500 円になったらゲーム終了

```
$ ./a.out
掛け金を払いました。所持金100円
あなたの手 ぐう=0 ちょき=1 ぱあ=2 ? 0
コンピュータ ぱあ，あなた ぐう
あなたの負けです…
所持金は100円です
掛け金を払いました。所持金0円
あなたの手 ぐう=0 ちょき=1 ぱあ=2 ? 1
コンピュータ ちょき，あなた ちょき
あいこでしょ
あなたの手 ぐう=0 ちょき=1 ぱあ=2 ? 1
コンピュータ ぐう，あなた ちょき
あなたの負けです…
所持金は0円です
ゲーム終了です。残念でした。
$
```

考え方

例題 3.7 で作成したコードで 1 回のじゃんけんができるので，その外側にもう 1 つループを作って所持金を増減させます．ループの条件を適切に設定しましょう．

解　答　例

―― プログラム 3-8 ――
```
 1  #include <stdio.h>
 2  #include <stdlib.h>
 3  #include <time.h>
 4
 5  int main(void) {
 6      int u_hand, c_hand;
 7      int money = 200;
 8
 9      srand(time(0));
10      while (100 <= money && money < 500) {   // 掛け金が出せて，手持ちが500円未満
11          money -= 100;
12          printf("掛け金を払いました。所持金%d円\n", money);
13          for (;;) {
14              printf("あなたの手　ぐう=0 ちょき=1 ぱあ=2 ？ ");
15              scanf("%d", &u_hand);
16
17              /* コンピュータの手を決める */
18              c_hand = rand() % 3;            // 0から2までの整数の乱数を生成
19
20              printf("コンピュータ ");
21              switch (c_hand) {
22                  case 0: printf("ぐう"); break;
23                  case 1: printf("ちょき"); break;
24                  case 2: printf("ぱあ"); break;
25              }
26              printf(", あなた ");
27              switch (u_hand) {
28                  case 0: printf("ぐう"); break;
29                  case 1: printf("ちょき"); break;
30                  case 2: printf("ぱあ"); break;
31              }
32              printf("\n");
33              if (u_hand != c_hand)           // 勝負がついた
34                  break;
35              printf("あいこでしょ\n");
36          }
37          if ((u_hand + 1) % 3 == c_hand) {   // 3を法とする合同を利用
38              printf("あなたの勝ちです！\n");
39              money += 200;
40          } else
41              printf("あなたの負けです…\n");
42          printf("所持金は%d円です\n", money);
43      }
44      printf("ゲーム終了です。");
45      if (money < 100)
46          printf("残念でした。\n");
47      else
48          printf("おめでとう！\n");
49      return 0;
50  }
```

解　説

　1回のじゃんけんをする部分（13～36行目）はプログラム3-7と同じコードです。その外側にwhileループを作り，所持金が100円以上500円未満の間繰り返します（10行目）。問題文に従うと 0 < money となりますが，100円払う必要があるので 100 <= money としました。ループ本体で所持金を増減させ（11，39行目），ループを抜けたら所持金を見

て「残念でした」あるいは「おめでとう」を表示します（45〜48行目）。

最初の所持金が200円で，ループ本体を必ず1回は実行するため，do-while文を使っても同じようにプログラムが作れます。ただ，以下のようにdo-while文を使い

```
do {
    money -= 100;
    じゃんけんする
} while (0 < money && money <= 500);
```

さらにプログラムを改良して最初の所持金をキーボードから読み取るように変更すると厄介なことになります。その金額が50円ならば，掛け金の100円が出せませんが，100を引いて所持金を−50円としてじゃんけんをしてしまいます。while文を使えば，最初の条件判断のおかげでこういう誤りを避けられます。

ポイント

☞ do-while文が適していそうでも，while文を使ったほうがよい場合は多い。

発展

月と，1日の曜日を入力すると，以下のようにカレンダーを表示するプログラムを作成せよ。うるう年でないとしてよい。

```
$ ./a.out⏎
何月? 7⏎
ついたちは何曜日（日曜=0，土曜=6）？ 5⏎
        7月
 日 月 火 水 木 金 土
+--+--+--+--+--+--+--+
|  |  |  |  |  | 1| 2|
+--+--+--+--+--+--+--+
| 3| 4| 5| 6| 7| 8| 9|
+--+--+--+--+--+--+--+
|10|11|12|13|14|15|16|
+--+--+--+--+--+--+--+
|17|18|19|20|21|22|23|
+--+--+--+--+--+--+--+
|24|25|26|27|28|29|30|
+--+--+--+--+--+--+--+
|31|  |  |  |  |  |  |
+--+--+--+--+--+--+--+
$
```

4 関数とマクロ

C言語の**関数**は処理をひとまとめにする大きな単位です。関数は次のように定義します。

```
int func(int n, double x) {
    …
}
```

ここで n や x を**仮引数**と呼びます。関数を呼び出すには func(2, 3.14 * r) のような**関数呼び出し**式を書きます。2 や 3.14 * r という**実引数**の値が関数の仮引数にコピーされて，関数の**本体**（{…} の部分）が実行されます。関数本体の中で return 《式》; という **return 文**を実行すると，《式》の値を**戻り値**として呼び出した側に戻ります。戻り値と引数の型を含む int func(int n, double x); という宣言を**関数プロトタイプ**といい，その関数を呼び出すコードがあるファイルの先頭のほうに書きます。

マクロ機能はプログラム中の字句を置き換える機能です。マクロは

```
#define 《マクロ》《本体》
```

のように定義します。**本体**は任意の字句列です。コード中に現れる《マクロ》が《本体》の字句列に展開されます。これをマクロの**呼び出し**といいます。関数呼び出しとは違って，そのマクロがその場で字句列に置き換わるだけです。コンパイルのはじめの段階で，プログラム中のすべてのマクロ呼び出しが展開されます。マクロには**オブジェクト形式マクロ**と**関数形式マクロ**の 2 種類があります。関数形式マクロは「va_arg(ap, int)」のような形で使われるマクロで，関数のように引数を与えて，それを本体の字句列に埋め込むことができます。これに対してオブジェクト形式マクロは，変数のように[†] カッコなしで「NULL」のような形で使われるマクロで，定数を表現するのによく使われます。

▶ 4.1 関数の引数 —— お茶をどうぞ ◀

例題 4.1 入れる紅茶の杯数 n を入力すると，スプーン $(n+1)$ 杯の茶葉をポットに入れる様子を表示するプログラムを作成せよ。0 を入力したら終了とする。

```
$ ./a.out ⏎
何杯? 1 ⏎
1さじ，2さじ
お湯を注ぐ...
お茶をどうぞ！
```

[†] 「オブジェクト」は規格で変数を意味する用語です。

```
何杯? 3⏎
1さじ, 2さじ, 3さじ, 4さじ
お湯を注ぐ...
お茶をどうぞ!
何杯? 0⏎
またどうぞ
$
```

ただし，引数として整数を渡すとそれに応じた以下のような 1 行を表示する関数を作って使うこと．この例は引数として 4 を渡した場合である．

```
1さじ, 2さじ, 3さじ, 4さじ
```

考　え　方

int 型の引数を 1 つとり，戻り値のない関数を作りましょう．

解　答　例

―― プログラム 4-1 ――
```c
1   #include <stdio.h>
2
3   void teaspoon(int);                 // 関数プロトタイプ
4
5   void teaspoon(int n) {              // 1さじ, ..., nさじ を表示する
6       for (int i = 1; i <= n; i++) {
7           printf("%dさじ", i);
8           if (i < n)
9               printf(", ");
10      }
11      printf("\n");
12      return;
13  }
14
15  int main(void) {
16      int cups;
17
18      for (;;) {
19          printf("何杯? ");
20          scanf("%d", &cups);
21          if (cups == 0)              // 0なら終了
22              break;
23          teaspoon(cups + 1);         // cups+1さじの茶葉を入れる
24          printf("お湯を注ぐ...\n");
25          printf("お茶をどうぞ!\n");
26      }
27      printf("またどうぞ\n");
28      return 0;
29  }
```

解　　説

「1さじ, ...」などというメッセージを表示する関数 teaspoon を作りました（5 行目）．

戻り値がないことを先頭の void が表しています。変数 n が仮引数です。main 関数でこの関数を呼び出すと（23 行目），実引数である式 cups + 1 の値が仮引数 n にコピーされて，関数 teaspoon の本体（6〜12 行目）が実行されます。return 文（12 行目）を実行すると呼び出し側に戻ります。

関数本体を定義する宣言（5〜13 行目）の他に，**関数プロトタイプ**を上のほうに書きます（3 行目）。関数プロトタイプでは仮引数の名前は省略できます。

ポイント

☞ ひとまとまりの処理は関数にすると便利である。
☞ 関数での処理に必要な情報は引数として渡す。

発　　展

正弦関数 $y = \sin(x)$ のグラフをプロットするプログラムを作成せよ。x はラジアンとし，その範囲は $-\pi \leq x \leq \pi$ とする。sin 関数はヘッダ math.h を取り込むと double sin(double) として利用できる。引数はラジアンで指定する。π も同じく math.h を取り込めば M_PI として利用できる。

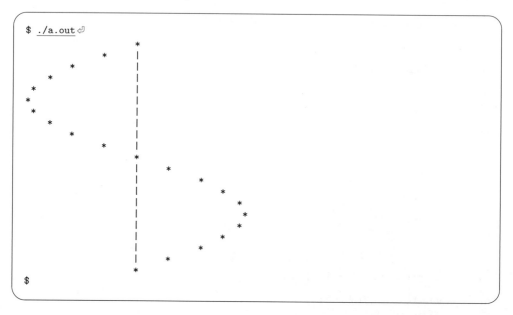

画面表示のために，横およそ 40 文字の範囲に，$-1 \leq y \leq 1$ である y の値を「*」の位置で示す 1 行を表示する関数 void plot(double y) を作成し，表示はこれを用いて行うこと。例えば plot(-0.5); plot(0.1); plot(0.5); と続けて呼び出すと，以下のような 3 行を表示するようにする。左端が $y = -1$ の位置，「|」は $y = 0$ の位置を表す。

4.2 関数の戻り値 —— 指定桁で四捨五入する

例題 4.2 double 型の正の値を，小数点以下の指定した桁数までとなるように四捨五入する関数 round_to を作成し，それを使って，キーボードから入力した実数を，指定した桁数までとなるように四捨五入して表示するプログラムを作成せよ．

```
$ ./a.out↵
数値? 3.14159265↵
小数点以下の桁数? 2↵
3.140000
$ ./a.out↵
数値? 3.14159265↵
小数点以下の桁数? 4↵
3.141600
$
```

考え方

ある正の実数 x を四捨五入して小数点以下 3 桁までとした値は，x を 1 000 倍して，それに 0.5 を足してから整数に変換し，1 000 で割れば得られます．関数 round_to の引数と戻り値はどのようにすればよいか考えましょう．

解答例

―― プログラム 4-2 ――
```c
#include <stdio.h>

double round_to(double, int);            // 関数プロトタイプ

/* xを四捨五入して小数点以下n桁までにする */
double round_to(double x, int n) {
    double mul = 1, result;

    for (int i = 0; i < n; i++)          // 10のn乗を求める
        mul *= 10;
    result = (int)(x * mul + 0.5) / mul; // 四捨五入
    return result;                        // resultの値を戻り値として戻る
}

int main(void) {
```

```
16        double val, rounded;
17        int n;
18
19        printf("数値? ");
20        scanf("%lf", &val);
21        printf("小数点以下の桁数? ");
22        scanf("%d", &n);
23        rounded = round_to(val, n);          // valを小数点以下n桁までにする
24        printf("%f\n", rounded);
25        return 0;
26    }
```

解　説

　関数 round_to の引数は，四捨五入される double 型の数値 x と，小数点以下の桁数 n です（6 行目）。n は int 型としました。戻り値は四捨五入した結果なので double 型にします（6 行目先頭の double）。9～11 行目で「考え方」に示した計算をして結果を変数 result に入れ，その値を戻り値として呼び出し側に戻ります（12 行目）。この戻り値が round_to(val, n) という式の値になり，変数 rounded に代入されます（23 行目）。

　main 関数は int 型の戻り値を返す関数で（15 行目），この関数から戻るとプログラムの実行が終了します。main 関数については，本体最後の } に達すると戻り値 0 で戻ると特別に規定されているので，最後の return 0;（25 行目）は省くこともできます。

ポ イ ン ト

☞　関数を作るには，その入力と出力を考えて，入力を引数，出力を戻り値にする。
☞　入力と出力に適した型を，引数と戻り値の型とする。

発　展

　引数として与えた正の実数の小数点以下を丸めて返す関数 round_dir を作成せよ。丸めの方法として，切り捨て，四捨五入，切り上げを引数で選べるようにせよ。そして round_dir を使って，入力された値を，指定した方法で丸めて表示するプログラムを作成せよ。

```
$ ./a.out ↵
数値? 2.818 ↵
種類（切り捨て-1，四捨五入0，切り上げ1）? 0 ↵
3
$ ./a.out ↵
数値? 3.00000001 ↵
種類（切り捨て-1，四捨五入0，切り上げ1）? 1 ↵
4
$
```

4.3 引数のない関数 ── サイコロゲーム

例題 4.3 1から6までのいずれかの整数をランダムに返す関数 roll_dice を作り，それを使って次のようなサイコロゲームをコンピュータ相手に行うプログラムを作成せよ。コンピュータがまずサイコロを2回振る。次にユーザがサイコロを2回振る。出た目の和が大きいほうを勝ちとする。一気にユーザの目を生成してしまうとつまらないので，エンターキーを押したらサイコロを振ることにする。

```
$ ./a.out ⏎
コンピュータ 6 + 2 = 8点
サイコロを振るにはエンターキーを押して下さい ⏎
1つめは4
サイコロを振るにはエンターキーを押して下さい ⏎
2つめは5
合計9点
あなたの勝ち！！
$ ./a.out ⏎
コンピュータ 1 + 2 = 3点
サイコロを振るにはエンターキーを押して下さい ⏎
1つめは2
サイコロを振るにはエンターキーを押して下さい ⏎
2つめは1
合計3点
引き分け！
$
```

考え方

roll_dice は乱数を使って整数値を返すだけなので引数は不要です。エンターキーが押されるのを待って処理を続けるには，エンターキーで入力される改行文字を scanf の c 変換で待つとよいでしょう。

解答例

───── プログラム 4-3 ─────
```
 1  #include <stdio.h>
 2  #include <stdlib.h>
 3  #include <time.h>
 4
 5  int roll_dice(void);
 6  void wait_enter(void);
 7
 8  int roll_dice(void) {
 9      return rand() % 6 + 1;              // 1から6までをランダムに生成して返す
10  }
```

```
11
12  /* エンターキーが押されるまで待つ関数 */
13  void wait_enter(void) {
14      char dummy;
15
16      printf("サイコロを振るにはエンターキーを押して下さい ");
17      scanf("%c", &dummy);                    // dummyの値は'\n'だろうが，使わない
18  }
19
20  int main(void) {
21      int c_hand1, c_hand2, c_points;
22      int u_hand1, u_hand2, u_points;
23
24      srand(time(0));
25      c_hand1 = roll_dice();
26      c_hand2 = roll_dice();
27      c_points = c_hand1 + c_hand2;
28      printf("コンピュータ %d + %d = %d点\n", c_hand1, c_hand2, c_points);
29
30      wait_enter();
31      u_hand1 = roll_dice();
32      printf("1つめは%d\n", u_hand1);
33      wait_enter();
34      u_hand2 = roll_dice();
35      printf("2つめは%d\n", u_hand2);
36      u_points = u_hand1 + u_hand2;
37      printf("合計%d点\n", u_points);
38
39      if (u_points > c_points)
40          printf("あなたの勝ち！！\n");
41      else if (u_points < c_points)
42          printf("あなたの負け...\n");
43      else
44          printf("引き分け！\n");
45      return 0;
46  }
```

解　説

roll_dice は引数がない関数なので，引数のところに void と宣言します（8行目）。呼び出すときには roll_dice() とします（25行目など）。wait_enter（13行目）は戻り値を返さない関数なので return 文を省いてあり，本体最後の } (18行目) に達して戻ります。

ポイント

☞　引数のない関数を作るときには，カッコ内の引数並びのところに void と書く。

発　展

トランプを使って例題 4.3 と同様のゲームを行うことにする。♠, ♡, ♣, ◇ それぞれについて A, 2, …, 10, J, Q, K の13枚，合計52枚のカードを使う。A は11点，2から9はそれぞれその点で，J, Q, K はどれも10点とする。まずコンピュータが2枚引き，続いてユーザが2枚引き，合計点を競う。カードを山から引くことに相当する，カードを1枚ランダムに返す関数を作成し，それを使って以下のように動作するプログラムを

作成せよ。

```
$ ./a.out↵
コンピュータ ♡A ♡4 合計15点
カードを引くならエンター ↵
1枚目 ♣Q
カードを引くならエンター ↵
2枚目 ◇A
合計21点
あなたの勝ち！！
$ ./a.out↵
コンピュータ ♡7 ♠J 合計17点
カードを引くならエンター ↵
1枚目 ♠7
カードを引くならエンター ↵
2枚目 ◇9
合計16点
あなたの負け...
$
```

はじめは1枚引くたびに山にカードを返してよく混ぜ，次のカードを引くとして作成せよ．次に，引いたカードを返さずに続けて4枚引くとして作成せよ．それぞれの場合に応じて，カードを返す関数の引数を工夫しよう．💡**ヒント** カード1枚を整数1つで表すと扱いやすい．例えば♠を100, ♡を200に対応させ，♠3を103, ♡Jを211で表せる．

▶ 4.4 関数から関数を呼び出す —— 複利計算プログラム ◀

例題 4.4 複利計算をするプログラムを以下のように作成せよ．年利 r で年複利とすると，元本 P 円が1年後には $P(1+r)$ 円，その1年後には $P(1+r)(1+r)$ 円，…となっていく．n 年後の金額は $P(1+r)^n$ と表せる．そこで，まず x の n 乗を計算する関数 double power(double x, int n) を作成し，power を使って複利計算をする関数 int compound(int p, int y, double r) を作成する．p は元本，y は年数，r は年利とする．それから compound を使って，元本・年利・年数を入力すると，その年数が経過した後の金額を表示するプログラムを作成する．なお，最終的な金額の1円未満の端数は切り捨てること．

```
$ ./a.out↵
最初の金額[円]? 100000↵
複利の年利率[%]? 7↵
年数? 10↵
10年後の金額は196715円です
$
```

考え方

関数の本体でまた関数を呼び出すことができます。main関数でcompoundを呼び出し，compoundからpowerを呼び出す，という関係になります。年利率は％での入力ですが，式 $P(1+r)^n$ の r は％でないことに注意しましょう。入力が7（％）なら $r = 0.07$ とします。

解答例

―― プログラム 4-4 ――

```
 1  #include <stdio.h>
 2
 3  double power(double, int);
 4  int compound(int, int, double);
 5
 6  /* xのn乗を求める */
 7  double power(double x, int n) {
 8      double y = 1.0;
 9
10      while (n-- > 0)
11          y *= x;
12      return y;
13  }
14
15  int compound(int p, int y, double r) {
16      return p * power(1 + r, y);                       // 複利計算の式
17  }
18
19  int main(void) {
20      int pv, final, years;
21      double rate;
22
23      printf("最初の金額[円]? ");
24      scanf("%d", &pv);
25      printf("複利の年利率[%%]? ");
26      scanf("%lf", &rate);
27      printf("年数? ");
28      scanf("%d", &years);
29      final = compound(pv, years, rate / 100);          // rateは％なので100で割る
30      printf("%d年後の金額は%d円です\n", years, final);
31      return 0;
32  }
```

解説

関数呼び出しは式の一種で，16行目のように，式が書けるところに自由に書けます。このため，main関数に変数finalを用意せず，最後の表示をするprintfで

```
printf("%d年後の金額は%d円です\n", years, compound(pv, years, rate/100));
```

などとしても同じ結果が得られます。

なお，標準ライブラリには累乗 x^y を求める関数 double pow(double x, double y) があります。ヘッダmath.hを取り込んで使います。

ポイント

☞ 式が書けるところに関数呼び出しを書くことができる。

発　展

　銀行の年複利の預金では，発生した利息が毎年預金元本に加算される。このとき預金の元本が円単位と決まっているなら，利息に1円未満の端数があった場合にはそれを利息が発生するたびに処理する必要がある。そこで，毎年発生する利息の1円未満は切り捨てというルールで利息計算を行う関数 `int compound_i(int p, int y, int rp)` を作成せよ。p は元本，y は年数で，rp は年利率パーセント（年利6％なら rp は6）とする。そして例題4.4と同様に動くプログラムを compound_i を使って作り，同じ入力（例：1万円，10年，7％）に対する結果を比較せよ。💡 **ヒント** double 型を使う必要は一切ない。

▶ 4.5　処理を関数にまとめる ── 数遊び Fizz Buzz ◀

例題 4.5　整数を入力すると，1からその数まで1行ずつ次のように表示するプログラムを作成せよ。

- その数が3のつく数か3の倍数なら「Fizz」と表示する
- その数が5の倍数なら「Buzz」と表示する
- その数が上の両方を満たすなら「Fizz Buzz」と表示する
- 上のどれでもなければその数を表示する

```
$ ./a.out⏎
いくつまで? 15⏎
1
2
Fizz
4
Buzz
Fizz
7
8
Fizz
Buzz
11
Fizz
Fizz
14
Fizz Buzz
$
```

考 え 方

3の倍数と5の倍数は簡単に判定できますが，3がつくかどうかの判定には工夫が必要です．コードが長くなるなら，Fizz と表示すべきかを判断する関数を作るとよいでしょう．

次の行を表示する前に1秒待つようにすると面白いかもしれません（次にコンピュータが表示する行をあなたは正しくいえるかな？）．その場合にはヘッダ unistd.h を取り込んで，sleep(1); という文を書けば，そこで1秒止まります．なおこれはC言語の標準機能ではなく，UNIX 系の処理系が提供する機能です．

解 答 例

――― プログラム 4-5 ―――

```
1   #include <stdio.h>
2   #include <unistd.h>
3
4   int is_fizz(int);
5
6   int is_fizz(int n) {
7       if (n % 3 == 0)              // 3の倍数なら
8           return 1;                 // Fizz
9       while (n > 0) {
10          if (n % 10 == 3)          // 1の位は3か？
11              return 1;             // ならば3がつくのでFizz
12          n /= 10;                  // 1の位を捨てて一桁ずらす
13      }
14      return 0;
15  }
16
17  int main(void) {
18      int i, n;
19
20      printf("いくつまで? ");
21      scanf("%d", &n);
22      for (i = 1; i <= n; i++) {
23          sleep(1);
24          if (is_fizz(i)) {          // Fizzか？
25              if (i % 5 == 0)        // FizzでさらにBuzzか？
26                  printf("Fizz Buzz\n");  // ならばFizz Buzz
27              else                   // FizzだけどBuzzじゃない
28                  printf("Fizz\n");  // Fizzを表示
29          } else if (i % 5 == 0)     // FizzじゃなくてBuzzか？
30              printf("Buzz\n");      // Buzzを表示
31          else                       // どれにも当てはまらないなら
32              printf("%d\n", i);     // 数を表示
33      }
34      return 0;
35  }
```

解 説

main 関数で，for 文を使って変数 i を1から入力された数まで変えていきます（22～33行目）．if 文を組み合わせて判定していますが（24～32行目），Fizz を表示するか否かの判断は少し難しいので，処理を is_fizz という関数にまとめました（6行目）．

is_fizz は，n が 3 の倍数ならすぐ 1（真）で戻ります（7〜8 行目）。続く while ループ（9〜13 行目）では，`n % 10 == 3` で 1 の位が 3 であるか判定し，3 なら 3 がつくので真で戻ります。そうでなければ 10 で割りつつ（12 行目）繰り返し，同じように 1 の位が 3 かどうか調べます。n が 362 とすると，ループを回るたびに n は 362 → 36 → 3 と変わり，すべての桁がいつかは 1 の位に来るので，3 が含まれれば真で戻ります。3 がなければ 512 → 51 → 5 → 0 などとなってループを終了し，0（偽）で戻ります（14 行目）。

ポイント

☞ 複雑な処理では，一部を関数にすると見通しがよくなる。

発展

人口と面積を入力すると人口密度を表示するプログラムを作成せよ。人口，面積，人口密度とも long int 型として，計算は整数で行い，結果は小数点以下を切り捨てること。数値はすべて 3 桁ごとのコンマ区切りで表示せよ。ただし，どの値についても桁数に仮定をおいてはならない。💡**ヒント** printf にコンマ区切りで表示する機能はないが，指定した幅の領域にゼロ詰めで表示する機能はある。

```
$ ./a.out⏎
人口[人]? 127110047⏎
面積[平方km]? 377972⏎
人口127,110,047人，面積377,972平方km，人口密度は336人/平方kmです
$
```

▶ 4.6　オブジェクト形式マクロ ── 単位換算プログラム ◀

例題 4.6　km からマイル (mi) へと，mi から km への，双方向の単位換算を行うプログラムを作成せよ。1 mi は 1.609 344 km である。

```
$ ./a.out⏎
変換 (1: km→mi, 2: mi→km) ? 1⏎
何km? 6356.752314⏎
6356.752 kmは3949.903 miです
$ ./a.out⏎
変換 (1: km→mi, 2: mi→km) ? 2⏎
何mi? 2451⏎
2451.000 miは3944.502 kmです
$
```

考え方

1.609 344 という値はどちらの変換にも使うので，マクロとして定義するとよいでしょう．

解答例

────── プログラム 4-6 ──────

```
1   #include <stdio.h>
2
3   #define MIperKM 1.609344
4   #define FMT "%.3f"
5
6   int main(void) {
7       int dir;
8       double km, mi;
9
10      printf("変換 (1: km→mi, 2: mi→km) ? ");
11      scanf("%d", &dir);
12      if (dir == 1) {
13          printf("何km? ");
14          scanf("%lf", &km);
15          mi = km / MIperKM;
16          printf(FMT, km); printf(" kmは"); printf(FMT, mi); printf(" miです\n");
17      } else {
18          printf("何mi? ");
19          scanf("%lf", &mi);
20          km = mi * MIperKM;
21          printf(FMT, mi); printf(" miは"); printf(FMT, km); printf(" kmです\n");
22      }
23      return 0;
24  }
```

解説

mi と km の比率を**オブジェクト形式マクロ** MIperKM として定義し（3 行目），これを使って変換をします（15，20 行目）．15 行目の式はマクロ展開によって

```
mi = km / 1.609344;
```

というコードになってコンパイルされます．20 行目も同様です．

表示を小数点以下 3 桁で統一するために，printf に与える書式をマクロ FMT として定義しました（4 行目）．マクロ展開により 16 行目は

```
printf("%.3f", km); printf(" kmは"); printf("%.3f", mi); printf(" miです\n");
```

となります．表示桁数を変える場合には 4 行目のマクロ定義だけを変えれば済みます．

ポイント

☞ マクロはソースファイル上で字句を置き換える．

発　　展

円形プールの半径 [m] と，入れる水の量 [m^3] を入力すると，水深 [m] を表示するプログラムを以下のように作った。

```
#include <stdio.h>
#include <math.h>

#define AREA M_PI * r * r              // 半径rの円の面積を求める

int main(void) {
    double r, wvol, depth;

    printf("プールの半径[m]? ");
    scanf("%lf", &r);
    printf("水量[m^3]? ");
    scanf("%lf", &wvol);
    depth = wvol / AREA;               // 水の深さ = 水の量 / 底面積
    printf("水深は%.1f mです\n", depth);
    return 0;
}
```

マクロ AREA は，半径が r [m] の円の面積 πr^2 を表すことを意図したものである。AREA の本体で使われているマクロ M_PI は円周率で，ヘッダ math.h を取り込むと使える。さて，このプログラムを実行すると，以下のようにおかしな結果になる。

```
$ ./a.out⏎
プールの半径[m]? 5⏎
水量[m^3]? 100⏎
水深は795.8 mです
$
```

マクロ AREA の定義を修正して，正しい結果が求まるようにせよ。

▶ 4.7　関数形式マクロ ── 変数の値を入れ替える ◀

例題 4.7　SWAP(i, j, int) とすると int 型の変数 i と j の値を入れ替え，SWAP(d, e, double) とすると double 型の変数 d と e の値を入れ替えるような関数形式マクロ SWAP を定義し，それを使って，入力された整数値，実数値の組をそれぞれ入れ替えて表示するプログラムを作成せよ。

```
$ ./a.out⏎
整数を空白で区切って2つ入力して下さい 2 5⏎
i=2, j=5
入れ替えます
```

```
i=5, j=2
実数を空白で区切って2つ入力して下さい 3.14 2.718⏎
d=3.140000, e=2.718000
入れ替えます
d=2.718000, e=3.140000
$
```

考え方

変数の値を入れ替えるには一時変数を宣言して使います．マクロ SWAP の第3引数に指定されている型がその宣言に利用できます．

解答例

―― プログラム 4-7 ――

```
1   #include <stdio.h>
2
3   #define SWAP(x, y, type) { type t = x; x = y; y = t; }
4
5   int main(void) {
6       int i, j;
7       double d, e;
8
9       printf("整数を空白で区切って2つ入力して下さい ");
10      scanf("%d %d", &i, &j);
11      printf("i=%d, j=%d\n", i, j);
12      printf("入れ替えます\n");
13      SWAP(i, j, int)              // ブロックに展開されるのでセミコロンをつけない
14      printf("i=%d, j=%d\n", i, j);
15      printf("実数を空白で区切って2つ入力して下さい ");
16      scanf("%lf %lf", &d, &e);
17      printf("d=%f, e=%f\n", d, e);
18      printf("入れ替えます\n");
19      SWAP(d, e, double)
20      printf("d=%f, e=%f\n", d, e);
21      return 0;
22  }
```

解説

関数形式マクロは引数をとるマクロです．13行目の呼び出し SWAP(i, j, int) が展開されると，3行目の定義にある仮引数 x, y, type がそれぞれ実引数 i, j, int に置き換わり，一時変数 t を用いて i と j の値を入れ替える { int t = i; i = j; j = t; } というコードになります．ただし，実引数に t という名前を指定すると望ましくない結果になります．3行目のマクロ定義で全体を {} で囲んで**ブロック**としているのは，ブロックでは新しく変数を宣言できることと，以下のようなコードも書けるようにするためです．

```
    if（条件)
        SWAP(i, j, int)
```

マクロ呼び出しの直後（この例や，「解答例」13行目の行末など）にセミコロン ; がな

いことに注意して下さい．セミコロンをつけると，展開されたときに {…}; のようにブロックの後ろの不要なセミコロンになります．セミコロンだけの空文は何もしませんが，以下のようなコードを書くと文法エラーになってしまいます†．

```
if (条件)
    SWAP(i, j, int);
else
    ...
```

ポイント

☞ マクロが展開された後の字句の並びがどうなるかに気をつけよう．

発　　　展

以下に示すマクロ age は，選挙権があれば 20 を，なければ年齢をそのまま返す．これを使って，1 歳から 22 歳まで選挙権があるかを表示するプログラムを以下のように書いた．

```
#include <stdio.h>

#define age(x) ((x) < 18 ? (x) : 20)   // 選挙権があれば20，なければ年齢

int main(void) {
    int n;

    n = 1;
    while (n <= 22)                    // 1歳から22歳までを表示
        printf("%d ", age(n++));
    printf("\n");
    return 0;
}
```

18 歳以上なら選挙権があるとしており，意図した出力は次のものである．

　　　1 2 3 4 5 6 7 8 9 10 11 12 13 14 15 16 17 20 20 20 20 20

しかし副作用がある式 n++ をマクロの実引数に与えてしまったため，実行したら以下のようになった（処理系によって結果は違うだろう）．

```
$ ./a.out⏎
2 4 6 8 10 12 14 16 18 20 20 20 20
$
```

副作用のある式をマクロ呼び出しの外に出せば済むが，ここでは main 関数の中身は変えずに，age をマクロでなく関数に書き換えて，意図通りに動作させよ．

---

† やや巧妙ですが，次のように SWAP を定義すると，後ろにセミコロンをつけることができます．
　　　`#define SWAP(x, y, type) do { type t = x; x = y; y = t; } while (0)`

5 配列

　配列は同じ型のデータを複数並べたデータ構造で，各要素は変数と同じように使えます。int a[10]; と宣言すると，int 型の要素を 10 個持つ配列 a が使えるようになります。アクセスする要素は [ ] 演算子を使って整数の添字（そえじ）で指定します。この配列の場合，a[0] から a[9] で各要素にアクセスします。範囲外へのアクセスはチェックされません。正しい範囲へのアクセスはプログラマの責任です。配列の長所は，添字として指定する式が表す整数値によって，アクセスする要素を選べることです。このため，よくループと組み合わせて用います。

　2 次元配列は int a[4][5]; のように宣言します。このような配列は，文法上は 1 次元配列を要素として持つ 1 次元配列です。この場合，a[0] から a[4] までがそれぞれ要素を 5 つ持つ配列で，a[0] の最後の要素には a[0][4] としてアクセスします。

▶ 5.1　配列の基本 —— 山を登って下りる ◀

例題 5.1　入力された山の各合目の標高（整数とする）を配列に格納し，それを逆順に表示するプログラムを作成せよ。

```
$ ./a.out⏎
登ります！
1合目の標高? 1516⏎
2合目の標高? 1710⏎
3合目の標高? 1840⏎
4合目の標高? 2010⏎
5合目の標高? 2220⏎
6合目の標高? 2390⏎
7合目の標高? 2700⏎
8合目の標高? 3020⏎
9合目の標高? 3600⏎
山頂の標高? 3776⏎
下ります
山頂：3776 m
9合目：3600 m
8合目：3020 m
7合目：2700 m
6合目：2390 m
5合目：2220 m
4合目：2010 m
3合目：1840 m
2合目：1710 m
1合目：1516 m
無事下山しました！
$
```

考　え　方

標高が整数なので，int 型の要素を持つ配列を用意して，そこに格納しましょう。

解　答　例

―― プログラム 5-1 ――
```
1   #include <stdio.h>
2
3   int main(void) {
4       int a[10];                          // a[0]が1合目の高さ，a[9]が山頂の高さ
5       int i;
6
7       printf("登ります！\n");
8       for (i = 0; i < 10; i++) {
9           if (i < 9)
10              printf("%d合目の標高? ", i+1);        // 添字に+1したのが合目
11          else
12              printf("山頂の標高? ");
13          scanf("%d", &a[i]);
14      }
15      printf("下ります\n");
16      for (i = 9; i >= 0; i--) {
17          if (i == 9)
18              printf("山頂：%d m\n", a[i]);
19          else
20              printf("%d合目：%d m\n", i+1, a[i]);   // (i+1)合目の高さがa[i]
21      }
22      printf("無事下山しました！\n");
23      return 0;
24  }
```

解　説

int 型の要素を 10 個持つ配列 a を宣言し（4 行目），a[0] に 1 合目の標高，a[9] に山頂の標高，というように格納します（8〜14 行目）。各要素 a[i] は変数と同様に使えるので，scanf で値を入れたり（13 行目），printf で値を表示したり（18, 20 行目）できます。

ポ イ ン ト

☞ 配列の添字は 0 から始まる。
☞ a[i] という式は変数と同じように使える。

発　展

途中の合目で自由に下山できるように例題 5.1 のプログラムを改良せよ。標高として 0 を入力すると，その合目には登らず下りることにする。山頂まで登った時には例題 5.1 のプログラムと同じ動作となるように注意せよ。

```
$ ./a.out↵
登ります！
```

68   5. 配　　　　列

```
1合目の標高? 1516
2合目の標高? 1710
3合目の標高? 1840
4合目の標高? 0
下ります
3合目：1840 m
2合目：1710 m
1合目：1516 m
無事下山しました！
$
```

▶ 5.2　配列の初期化 ── 月の末日の一覧を表示する ◀

例題 5.2　1月から12月それぞれの日数を要素に持つ配列を初期化によって作り，キーボードから西暦年を読み取って，その年がうるう年かどうかに応じて2月の日数に必要な補正をしてから，各月の末日の一覧を表示するプログラムを作成せよ。うるう年は次のように判定する。年が4で割り切れればうるう年だが，100で割り切れたらうるう年ではない，しかし400で割り切れたらうるう年である。

```
$ ./a.out
西暦何年? 2020
[2020年]
 1月31日   2月29日   3月31日   4月30日
 5月31日   6月30日   7月31日   8月31日
 9月30日  10月31日  11月30日  12月31日
$ ./a.out
西暦何年? 2200
[2200年]
 1月31日   2月28日   3月31日   4月30日
 5月31日   6月30日   7月31日   8月31日
 9月30日  10月31日  11月30日  12月31日
$
```

考　え　方

配列の初期化の構文を使って要素に値を入れましょう。うるう年の条件は「(年が4で割り切れて，かつ100で割り切れない) または400で割り切れる」と書けます。

解　答　例

───── プログラム 5-2 ─────
```
1    #include <stdio.h>
2
3    int main(void) {
4        int nday[] = {31, 28, 31, 30, 31, 30, 31, 31, 30, 31, 30, 31};
5        int year;
```

```
  6
  7      printf("西暦何年? ");
  8      scanf("%d", &year);
  9
 10      /* うるう年の補正 */
 11      if ((year % 4 == 0 && year % 100 != 0) || year % 400 == 0)
 12          nday[1] = 29;
 13
 14      printf("[%d年]\n", year);
 15      for (int i = 0; i < 12; i++) {
 16          printf("%2d月%d日   ", i+1, nday[i]);
 17          if (i % 4 == 3)                              // 月4つごとに
 18              printf("\n");                            // 改行する
 19      }
 20      return 0;
 21  }
```

解説

配列の初期化は4行目のように書きます。要素数が [] となっていて指定されていないので、初期値並びの数で配列 nday の要素数（ここでは 12）が決まります。

ポイント

☞ 配列の多くの要素にあらかじめ決まった値を与えるには初期化が便利である。

発展

所得金額に対して所得税率が**表 5.1**のように決まっているとする。左欄の金額を保持する配列と、右欄の税率を保持する配列をそれぞれ初期化で作り、所得金額を入力すると所得税率を表示するプログラムを作成せよ。金額は千円単位として int 型で扱い、税率は％として double 型で扱うこと。

表 5.1 所得税率

所得金額	税率
195 万円以下	5％
195 万円を超え 330 万円以下	10％
330 万円を超え 695 万円以下	20％
695 万円を超え 900 万円以下	23％
900 万円を超え 1 800 万円以下	33％
1 800 万円を超え 4 000 万円以下	40％
4 000 万円超	45％

```
$ ./a.out ↵
所得[千円]? 3251 ↵
3251千円に対する所得税率は10.0%です
$ ./a.out ↵
所得[千円]? 100000 ↵
100000千円に対する所得税率は45.0%です
$
```

▶ 5.3 配列の走査 —— 重いりんごを選ぶ ◀

例題 5.3 りんごの重さをいくつか入力すると，その重さの平均と，平均以上の重さのりんごを表示するプログラムを作成せよ．0を入力すると入力終了とする．

```
$ ./a.out↵
重さを入力して下さい（0で終了）
重さ? 320↵
重さ? 301↵
重さ? 282↵
重さ? 391↵
重さ? 299↵
重さ? 0↵
平均318.6グラム
平均以上の重さのもの 320 391
$
```

考　え　方

適当な要素数（りんごの数の上限）の配列を用意して，入力データを格納します．平均値を求めた後，配列要素を先頭から順に見て，平均以上のものを表示します．

解　答　例

────────── プログラム 5-3 ──────────
```
 1  #include <stdio.h>
 2
 3  enum { NMAX = 100 };                            // りんごの最大個数
 4
 5  int main(void) {
 6      int i, n, grams, apple[NMAX];
 7      double sum, ave;
 8
 9      n = 0;
10      printf("重さを入力して下さい（0で終了）\n");
11      while (n < NMAX) {
12          printf("重さ? ");
13          scanf("%d", &grams);
14          if (grams == 0)                         // 0が入力されたら
15              break;                              // 入力終了
16          apple[n++] = grams;
17      }
18      /* ここでnは入力データ数になっている */
19
20      /* 平均を求める */
21      sum = 0;
22      for (i = 0; i < n; i++)                     // 総和を求めて
```

```
23              sum += apple[i];
24          ave = sum / n;                                   // 個数で割ると平均
25          printf("平均%.1fグラム\n平均以上の重さのもの", ave);
26          for (i = 0; i < n; i++)
27              if (apple[i] >= ave)                         // 平均以上なら
28                  printf(" %d", apple[i]);                 // 表示する
29          printf("\n");
30          return 0;
31      }
```

解説

りんごの最大数を 100 とし，要素数 100 の int 型の配列を用意しました（6 行目）。要素数は配列の宣言や配列を処理するループで使うので，この解答例のように**列挙定数**[†]にする（3 行目）か，#define NMAX 100 のようにオブジェクト形式マクロとして宣言することによって名前をつけると分かりやすくなります。

データの入力は 11〜17 行目の while ループで行っています。最大で NMAX 個の要素を読み込むという条件 n < NMAX を指定し（11 行目），その間でも 0 が入力されたら break します（14〜15 行目）。ループを抜けた時点で，入力された要素数が n に入っています。

総和を求めるループ（22 行目）と平均以上のものを表示するループ（26 行目）の繰り返し回数はいずれも n 回なので，あらかじめ決まった繰り返し回数のループを書くのに便利な for 文を使っています。ここで使っている以下の形は，要素数 n の配列 a を処理するときの決まり文句です。

```
for (i = 0; i < n; i++) {
    a[i]を処理する
}
```

ポイント

☞ 配列の要素数には，列挙定数かマクロとして名前をつけるとよい。
☞ 配列要素を 1 つずつ処理するにはループを使う。

発展

あるテストを何人かの生徒が受験する。生徒全員の点数を入力すると，平均点と標準偏差，各点数の偏差値を表示するプログラムを作成せよ。n 名の点数の総和を S，点数の 2 乗の総和を S_2 とすると，平均点 m は $m = S/N$，標準偏差 d は $d = \sqrt{S_2/N - m^2}$ となる。点数 x_i の偏差値 T_i は $T_i = 10(x_i - m)/d + 50$ で求まる。$\sqrt{x}$ はライブラリ関数 double sqrt(double x) で求まる。ヘッダ math.h を取り込んで使う。

[†] 列挙定数は**列挙型**で使われる定数ですが，int 型の定数に名前をつけるためにこのように利用できます。

```
$ ./a.out↵
点数を入力して下さい（終了は-1）
点数? 70↵
点数? 60↵
点数? 40↵
点数? 80↵
点数? -1↵
平均点62.5，標準偏差14.8点
70点，偏差値55.1
60点，偏差値48.3
40点，偏差値34.8
80点，偏差値61.8
$
```

▶ 5.4 ソート —— りんごを軽い順に並べる ◀

例題 5.4 りんごの重さをいくつか入力すると，それらを軽い順に表示するプログラムを作成せよ．0で入力終了とする．

```
$ ./a.out↵
重さを入力して下さい（0で終了）
重さ? 320↵
重さ? 301↵
重さ? 282↵
重さ? 391↵
重さ? 0
282 301 320 391
$
```

考え方

入力データを配列に読み取った後，データを小さい順に**ソート**（整列）して，要素をすべて表示します．様々なソート方法があるので，調べて適当なものを使いましょう．

解答例

―――――― プログラム 5-4 ――――――
```
1    #include <stdio.h>
2
3    enum { NMAX = 100 };                    // りんごの最大個数
4
5    int main(void) {
6        int i, n, grams, apple[NMAX];
7
8        n = 0;
9        printf("重さを入力して下さい（0で終了）\n");
10       while (n < NMAX) {
```

```
11        printf("重さ? ");
12        scanf("%d", &grams);
13        if (grams == 0)                    // 0が入力されたら
14            break;                         // 入力終了
15        apple[n++] = grams;
16    }
17    /* 選択ソートで整列 */
18    for (i = 0; i <= n-2; i++) {           // iを0から1つずつ増やしながら
19        int min = i, tmp;
20        for (int j = i+1; j < n; j++) {    // i以上の添字の要素の中で
21            if (apple[j] < apple[min])     // 一番小さいものの添字を
22                min = j;                   // minに求める
23        }
24        tmp = apple[i];        // 一時変数tmpを使って
25        apple[i] = apple[min]; // apple[i]とapple[min]を入れ替えて
26        apple[min] = tmp;      // apple[i]がi以上の部分で最小になるようにする
27    }
28    /* 表示 */
29    for (i = 0; i < n; i++)
30        printf("%d ", apple[i]);
31    printf("\n");
32    return 0;
33 }
```

解説

データ入力のコードはプログラム 5-3 と同じです（8〜16 行目）。整列には**選択ソート**というアルゴリズムを使いました（17〜27 行目）。i を 0 から (n−2) まで変えながら（18 行目），apple[i] から apple[n−1] までで最小のものを見つけ（19〜23 行目），それを apple[i] と入れ替えます（24〜26 行目）。こうすると，apple[i] がその範囲で最小になり，apple[i+1] 以降はそれ以上の値を持つことになります。これを繰り返してソートします。

ポイント

☞ データをソートするには配列を使う。

発展

りんごの重さをいくつか入力すると，それらの重さの中央値を表示するプログラムを作成せよ。中央値とは，データを小さい順に並べたときに中央に位置する値のことである。データ数が偶数なら中央に近い 2 つの値の平均値を中央値とする。

```
$ ./a.out ↵
重さを入力して下さい（0で終了）
重さ? 320 ↵
重さ? 301 ↵
重さ? 282 ↵
重さ? 391 ↵
重さ? 0 ↵
中央値 310.5 g
$
```

5.5 配列を使ったアルゴリズム —— エラトステネスのふるい

例題 5.5 次に示す「エラトステネスのふるい」というアルゴリズムを使って，以下のように 100 までの**素数**をすべて表示するプログラムを作成せよ。素数とは，2 以上の整数で，自分自身と 1 以外に約数を持たない数のことである。

```
$ ./a.out ↵
2 3 5 7 11 13 17 19 23 29 31 37 41 43 47 53 59 61 67 71 73 79 83 89 97
$
```

[**エラトステネスのふるい**]
1. 2 から N までの整数を順に並べる。これを作業リストとする。
2. 空の素数リストを用意する。
3. 作業リストの先頭にある数は素数である。これを素数リストに移す。
4. いま移した数の倍数を作業リストからすべて取り除く。
5. 作業リストが空なら終了，そうでなければステップ 3 に戻る。

終了時に素数リストにあるものが N までの素数である。

考え方

アルゴリズムの説明に作業リストと素数リストを使うとありますが，それらの代わりにそれぞれの数が素数かどうかを表す 100 要素の配列を 1 つ用意し，数を前から順に見て，素数でない数に対応する要素に「素数でない」を示す値を入れていく，という方法でアルゴリズムが実現できます。

解答例

———————————— プログラム 5-5 ————————————
```
 1  #include <stdio.h>
 2
 3  enum { N = 100 };        // Nまでの素数を求める
 4
 5  int main(void) {
 6      int a[N+1] = {0};    // iが素数ならa[i] = 0; a[N]まで使いたいので宣言はa[N+1]
 7      int i, j;
 8
 9      /* 倍数をふるい落とす */
10      for (i = 2; i <= N; i++) {
11          if (a[i] == 0) {              // iが素数なら，まだ倍数をふるい落としてない
```

```
12              for (j = i * 2; j <= N; j += i)    // iの倍数は
13                  a[j] = 1;                       // すべて合成数なのでふるい落とす
14          }
15      }
16      /* 残ったものが素数 */
17      for (i = 2; i <= N; i++) {
18          if (a[i] == 0)
19              printf("%d ", i);
20      }
21      printf("\n");
22      return 0;
23  }
```

解説

「考え方」に従って配列 a を用意し（6 行目），数 i が素数なら a[i] が 0 に，素数でないなら a[i] が 1 になるようにします。a[0] と a[1] は使いません（素数の定義から 0 と 1 は素数でないため）。はじめにすべて素数と仮定して全要素を 0 で初期化します（6 行目）。{0} の 0 は a[0] の初期値で，a[1]～a[N] には初期値が指定されていないのでこれらも 0 となります。ループ変数 i を使って，2 から小さい順に見ていきます（10 行目）。a[i] が 0 なら（11 行目）i を素数として確定し，i より大きい i の倍数を添字とする要素すべてに 1（素数でない印）を入れます（12～13 行目）。このループが終わった時には，素数に対応する要素だけに 0 が入っているので，それらを表示します（17～20 行目）。

ポイント

☞ 処理が実装しやすいできるだけ簡単なデータ構造を使おう。

発展

プログラム 5-5 の 10～15 行目のループでは i を N まで変えて倍数をふるい落としているが，じつは $\sqrt{N}$ 未満の i についてこの処理を行うだけで N までの素数が求まる。そのようにコードを改善せよ。$\sqrt{x}$ はライブラリ関数 `double sqrt(double x)` で求まる。ヘッダ math.h を取り込んで使う。

▶ 5.6 2次元配列（1） —— 乱数表を作る ◀

例題 5.6 9 × 9 の大きさの乱数表を生成して表示し，キーボードから行番号と列番号を読み取って，その位置にある数を表示するプログラムを作成せよ。各要素は 4 桁の数字とし，1 000 よりも小さい場合には上位桁をゼロ詰めして表示すること。

```
$ ./a.out⏎
  |   1|   2|   3|   4|   5|   6|   7|   8|   9|
-+----+----+----+----+----+----+----+----+----+
1|4037|6086|7688|9775|3027|4468|8265|0291|1197|
2|3914|3717|8266|9463|2769|8144|2477|7934|0647|
3|2815|9853|0694|2665|2304|7840|7586|0788|0273|
4|6424|9594|6698|7275|7606|8116|2128|1752|3346|
5|3524|7984|4473|5904|5235|9588|8206|5992|8193|
6|5445|5542|3018|8899|9607|4955|5174|2224|0728|
7|4085|5562|0779|3126|6184|5819|9819|1848|5963|
8|5272|9664|2559|6129|4477|0354|8100|7869|4480|
9|5674|8156|9047|5109|0335|9840|5633|5326|9740|
行? 6⏎
列? 9⏎
0728です
$
```

考え方

9行9列の**2次元配列**を用意して，各要素に乱数を入れましょう．

解答例

― プログラム 5-6 ―

```
1   #include <stdio.h>
2   #include <stdlib.h>
3   #include <time.h>
4
5   enum { TSIZE = 9 };                    // 乱数表の行と列の数
6
7   int main(void) {
8       int rnt[TSIZE][TSIZE];             // TSIZE×TSIZEの乱数表
9       int i, j;
10
11      printf("  |   1|   2|   3|   4|   5|   6|   7|   8|   9|\n");
12      printf("-+----+----+----+----+----+----+----+----+----+\n");
13      /* 乱数表を作りながら表示 */
14      srand(time(0));
15      for (i = 0; i < TSIZE; i++) {
16          printf("%1d|", i+1);           // 添字がiなら，表の(i+1)行目
17          for (j = 0; j < TSIZE; j++) {
18              rnt[i][j] = rand() % 10000; // 0～9999の範囲の乱数を生成
19              printf("%04d|", rnt[i][j]); // ゼロ詰めして4桁で表示
20          }
21          printf("\n");
22      }
23
24      printf("行? ");
25      scanf("%d", &i);
26      printf("列? ");
27      scanf("%d", &j);
28      printf("%04dです\n", rnt[i-1][j-1]); // 入力は1～9，添字は0～8
29      return 0;
30  }
```

解説

2次元配列の各要素を処理するので**二重ループ**を使います（15〜22行目）。このように行を変えるループを外側に，列を変えるループを内側に配置するのが普通です。

乱数表の大きさは 9×9 で，表の行と列は1から9までで指定する問題になっています。これに対して 9×9 の2次元配列の添字は a[0][0] から a[8][8] までなので，入力や表示の際に +1 や -1 として調整しています（16, 28行目）。上位桁のゼロ詰めは printf の変換指定 %04d で行いました（19, 28行目）。

ポイント

☞ 2次元配列の全体を処理するときには二重ループを使う。

発展

それぞれのマス目に0から9までのいずれかの数がある 9×9 の大きさの乱数表を生成して表示し，行と列と向き（右か下か）を入力すると，指定された位置から指定された向きに4つのマス目の数字を並べて表示するプログラムを作成せよ。

```
$ ./a.out⏎
 | 1| 2| 3| 4| 5| 6| 7| 8| 9|
-+--+--+--+--+--+--+--+--+--+
1| 5| 5| 9| 8| 6| 9| 7| 4| 9|
2| 2| 9| 0| 6| 0| 8| 0| 4| 6|
3| 4| 1| 2| 1| 0| 1| 8| 6| 1|
4| 1| 6| 9| 9| 0| 0| 1| 8| 8|
5| 1| 4| 2| 6| 8| 1| 0| 4| 6|
6| 1| 1| 4| 8| 0| 1| 9| 9| 0|
7| 4| 4| 3| 1| 2| 3| 0| 4| 8|
8| 1| 9| 3| 2| 2| 3| 8| 7| 1|
9| 8| 9| 3| 5| 1| 5| 7| 9| 4|
行? 2⏎
列? 7⏎
向き[1=右，2=下]? 2⏎
暗証番号は0810です
$
```

▶ 5.7　2次元配列（2）── 魔方陣を作る ◀

例題5.7 3×3 の**魔方陣**を表示するプログラムを作成せよ。魔方陣とは，$N \times N$ のマス目に1から N^2 までの数が配置されていて，縦・横・斜めに一直線に並ぶ N 個の数の和がすべて等しいようなものである。$N = 3$ では，次の実行例に示されるようにどの和も15となる。このような魔方陣を，以下に示す方法で作って表示せよ。

```
$ ./a.out⏎
+---+---+---+
|  8|  1|  6|
+---+---+---+
|  3|  5|  7|
+---+---+---+
|  4|  9|  2|
+---+---+---+
$
```

N が奇数の場合，$N \times N$ の魔方陣の1つは以下の手続きで作れる．

1. 一番上の段の中央に1を入れる．
2. いま入れたマスの右上のマスに次の数を入れる．右上が埋まっているなら，いま入れたマスの下のマスに次の数を入れる．
3. 最後の数（N^2）を入れるまでステップ2を繰り返す．

ただし，最上段のマスのさらに上は最下段のマス，一番右のマスのさらに右は一番左のマスというように，上下および左右がぐるりとつながっていると考える．

考え方

3×3 の2次元配列を用意し，上に示した方法で各要素に数を入れていきましょう．

解答例

―― プログラム 5-7 ――
```
 1  #include <stdio.h>
 2
 3  enum { N = 3 };                    // N×Nの魔方陣 (Nは奇数)
 4
 5  int main(void) {
 6      int a[N][N] = {{0}};           // 最初の要素を0で初期化，残りも無指定なので初期値0
 7      int i, j, n, sum, nexti, nextj;
 8
 9      /* 魔方陣を作る */
10      i = 0;                         // 最初に入れる位置は，最上段
11      j = N / 2;                     // の中央
12      for (n = 1; n <= N * N; n++) { // 1からN*Nまでを入れる
13          a[i][j] = n;               // 現在の位置にnを入れる
14          /* 右上の位置をnexti, nextjに求める */
15          if ((nexti = i - 1) < 0)   // 上へ；最上段を超えたら
16              nexti = N - 1;         // ぐるりと一番下に
17          if ((nextj = j + 1) >= N)  // 右へ；右端を超えたら
18              nextj = 0;             // ぐるりと左端へ
19          /* 右上に行くか下に行くかの判断 */
20          if (a[nexti][nextj] == 0) { // 右上は空いている？
21              i = nexti;              // なら次はそこ
22              j = nextj;
23          } else {                    // 右上が空いていない
24              if (++i >= N)           // 次はすぐ下；最下段を超えたら
25                  i = 0;              // ぐるりと一番上へ
26          }
27      }
28      /* できた魔方陣を表示する */
```

```
29      for (i = 0; i < N; i++) {
30          printf("+");
31          for (j = 0; j < N; j++)
32              printf("---+");
33          printf("\n|");
34          for (j = 0; j < N; j++)
35              printf("%3d|", a[i][j]);
36          printf("\n");
37      }
38      printf("+");
39      for (j = 0; j < N; j++)
40          printf("---+");
41      printf("\n");
42      return 0;
43  }
```

解説

3×3の配列aを宣言し，要素をすべて0で初期化します（6行目）。魔方陣を作るコード（9〜27行目）は問題文の手続きをそのまま実装しています。入れる数を変数nに保持し，要素a[i][j]にnを入れます（13行目）。その右上の位置をnexti, nextjに求め（14〜18行目），そこが空いているかどうかを調べて（20行目），空いていればそこを次の位置とし（21〜22行目），空いていなければ現在のi, jの下を次の位置にします（24〜25行目）。

ポイント

☞ 2次元配列の要素は2つの添字を使って自由にアクセスできる。

発展

3×3の2次元配列によって以下のような3×3の行列を表現し

$$\begin{pmatrix} a_{11} & a_{12} & a_{13} \\ a_{21} & a_{22} & a_{23} \\ a_{31} & a_{32} & a_{33} \end{pmatrix}$$

初期化を用いて適当な初期値を与え，その行列と，行列式の値を表示するプログラムを作成せよ。上の行列の行列式 d は次の式で与えられる。

$$d = a_{11}a_{22}a_{33} + a_{12}a_{23}a_{31} + a_{13}a_{21}a_{32} - a_{11}a_{23}a_{32} - a_{12}a_{21}a_{33} - a_{13}a_{22}a_{31}$$

```
$ ./a.out ⏎
  3.0   0.0   0.0
 -4.0  -2.0  -3.0
 -1.0   0.0  -5.0
行列式の値は30.0
$
```

6 ポインタ

　ポインタは変数などのメモリ領域を指すもので，メモリアドレスを値として持ち，さらに指す領域の型の情報を持ちます。int 型の領域を指すポインタは int へのポインタ（int *）という型です。ポインタに関する基本的な演算には**アドレス演算 &** と**間接演算 ***があります。アドレス演算は領域へのポインタ（アドレス）を得る演算で，&i とすると変数 i へのポインタ（i の領域を指すポインタ）が得られます。間接演算はポインタによって指されている領域にアクセスするための演算で，p = &i などとして i へのポインタが p に得られているなら，*p は変数 i と同じものとして使えます。**void へのポインタ型**（void * 型）は指す領域にアクセスせずアドレス値だけを扱うときに用います。**空ポインタ**は何も指さないポインタ値で，マクロ NULL や整数 0 で表されます。

　ポインタと配列には深い関係があります。配列名が式として評価されるときには，sizeof 演算のオペランドになる場合などを除き，その先頭要素へのポインタに変換されます。これは特に，関数呼び出しの実引数として配列を与える場合に重要です。

　ポインタがあれば変数名がなくてもメモリ領域を扱えます。このためメモリ領域を操作する関数には引数としてよくポインタを渡します。また，C 言語の**動的メモリ確保**機能では，無名のメモリ領域を新たに確保し，先頭へのポインタをプログラムに返すので，プログラムはそのポインタを介して領域を利用します。

▶ 6.1 ポインタの基本 —— ポインタの値と基本的な演算 ◀

例題 6.1　int 型の変数 i と，int へのポインタ型の変数 p を宣言し，i に適当な初期値を与え，i へのポインタを p に代入してから，まず次の 4 つの式の値を表示し

　　　i　　&i　　p　　*p

続いて *p（p が指す先）に 1 を足してから上の 4 つの式の値を再び表示するプログラムを作成せよ。

考え方

　式 i と *p の型は int，式 &i と p の型は int へのポインタ型です。printf の **p 変換**（%p）を使うと，**void へのポインタ**の値（アドレスを示す整数）を表示できます。任意のポインタ値は，(void *)《ポインタ値》とすることで void へのポインタ型にキャストできます。

解　答　例

――― プログラム 6-1 ―――

```
1   #include <stdio.h>
2
3   int main(void) {
4       int i = 5;
5       int *p;         // intへのポインタを入れる変数
6
7       p = &i;         // iへのポインタをpに入れる
8       printf("i = %d, &i = %p, p = %p, *p = %d\n", i, (void *)&i, (void *)p, *p);
9       *p = *p + 1;    // pが指す先（iの領域）に1を足す
10      printf("i = %d, &i = %p, p = %p, *p = %d\n", i, (void *)&i, (void *)p, *p);
11      return 0;
12  }
```

実　行　例

```
$ ./a.out⏎
i = 5, &i = 0x7fff50b3c8a8, p = 0x7fff50b3c8a8, *p = 5
i = 6, &i = 0x7fff50b3c8a8, p = 0x7fff50b3c8a8, *p = 6
$
```

ポインタ値の表示形式は処理系によって違います。示される値はメモリアドレスを表すもので，実行のたびに変わるかもしれません。

解　説

ここで扱っているポインタは int へのポインタ型なので，キャストを使って void へのポインタ型に変換してから printf の p 変換で表示します（8，10 行目）。

i へのポインタ &i を p に代入した（7 行目）ため，「実行例」の出力 1 行目を見ると，&i と p の値が同じになっています。*p は「p が指す先」つまり変数 i のことで，*p と i は同じものとして使えます。それらの値は等しく 5 で，*p に 1 を足すと（「解答例」9 行目），i の値が 6 になります。このとき p は変わらず i のアドレスを保持しています。

ポ イ ン ト

☞ ポインタ値はメモリアドレスである。
☞ *p という式は，p が指す変数と同じように使える。

発　展

int 型の変数 i, int へのポインタ型の変数 p, void へのポインタ型の変数 v を宣言し，i には適当な初期値を与えて，その後で以下のステップを順に行うプログラムを作成せよ。

1. i へのポインタを v に代入し，v の値を表示する。

2. vの値をpに代入し，pの値を表示する。
3. pが指す先をインクリメントする（1増やす）。
4. iの値を表示する。

実行し，ステップ1と2で表示される値を比較せよ。またステップ4で表示される値とiに与えた初期値を比較せよ。

▶ 6.2 ポインタを関数に渡す —— 分数を約分する ◀

例題 6.2 2つのint型の変数を使って1つの分数を表そう。例えばn=3，d=5として，nとdで3/5を表す。このような分数を既約分数にまで約分する関数cancelを作成せよ。分子，分母とも1以上と仮定してよい。結果が整数になる場合には分母の変数を1とせよ。そしてcancelを使って，キーボードから入力した分数を約分して表示するプログラムを作成せよ。

```
$ ./a.out⏎
分子? 756⏎
分母? 360⏎
約分すると 21/10
$
```

$$\frac{36186}{783913} = \frac{6}{13}$$

考 え 方

関数cancelを呼び出すときに，分子と分母を表す2つの変数へのポインタを実引数として与えましょう。分子と分母の両方を割り切れる2以上の数を順に見つけてそれで割っていくと約分ができます。約分の結果も分子と分母なので，それらを実引数の変数領域に書き込む（約分する前の値を上書きする）ことで呼び出し側に返しましょう。

解 答 例

```
―――― プログラム 6-2 ――――
1   #include <stdio.h>
2
3   void cancel(int *, int *);
4
5   void cancel(int *np, int *dp) {              // 仮引数でポインタを受け取る
6       int fact = 2;
7
8       while (fact <= *dp) {                    // 2から分母(*dp)までの
9           if (*np % fact == 0 && *dp % fact == 0) {  // 両者を割り切れる数で
10              *np /= fact;                     // 約分
11              *dp /= fact;                     // していく
```

```
12              } else
13                  fact++;
14      }
15  }
16
17  int main(void) {
18      int n, d;
19
20      printf("分子? ");
21      scanf("%d", &n);
22      printf("分母? ");
23      scanf("%d", &d);
24      cancel(&n, &d);                    // ポインタを渡して，その領域を使って計算させる
25      printf("約分すると %d/%d\n", n, d);
26      return 0;
27  }
```

解説

関数 cancel には，分子と分母を表す2つの変数へのポインタを引数として渡します（5行目）。24行目のように呼び出すと，cancel の仮引数 np と dp に，main の変数 n と d へのポインタが渡されます。cancel の本体（6〜14行目）では，ポインタ経由で main の変数 n と d の領域を使って計算し，結果が n と d に入った状態で main 関数に戻ります。このように，ポインタを引数として渡すと，それを使って複数の値を呼び出し側に返せます。

ポイント

☞ 呼び出し側の変数の値を関数に変えさせたいときには，引数としてポインタを渡す。
☞ 複数のポインタを引数として受け取り，その先に上書きすると，複数の値を呼び出し側に返せる。

発展

例題 6.2 の約分方法ではループを使って約数を1つずつ探してそれで割っているが，分子と分母の最大公約数が分かれば，それで両者を割るだけで既約分数が得られる。例えば 36/78 の分子と分母の最大公約数は6であり，両者を6で割れば既約分数 6/13 となる。以下に示す最大公約数を求める効率的なやり方を用いて例題 6.2 のプログラムを改善せよ。

[ユークリッドの互除法] x と y の最大公約数は以下の手順で求まる:

1. $x \geq y$ とする（そうでなければ値を入れ替える）
2. $x \bmod y$ を新たな x とする（mod は剰余演算）
3. x が0なら y が最大公約数
4. x が0でなければ，x と y を入れ替えてステップ2へ

これを行う関数 int gcd(int, int) を作成して用いよ。また変数の値の入れ替えには，そのための関数を作成して用いよ。

▶ 6.3　ポインタと配列（1）──ポインタと配列の関係 ◀

例題 6.3　int 型の要素 5 つからなる配列 a を宣言して適当な初期値を与えてから以下の式の値を表示し

- sizeof(a) と sizeof(a[0])
- sizeof(a)/sizeof(a[0])
- a[0], &a[0], a, *a
- a[1], &a[1], a+1, *(a+1)
- a[2], &a[2], a+2, *(a+2)

さらに double 型の要素 5 つからなる配列 b についても同様の動作を行うプログラムを作成せよ。実行して、各要素の大きさと、メモリ内での要素の配置を確認せよ。

考え方

sizeof 演算の結果を printf で表示するには **%zu** という変換を指定します。

解答例

───── プログラム 6-3 ─────

```
 1  #include <stdio.h>
 2
 3  int main(void) {
 4      int a[5] = {100, 101, 102, 103, 104};
 5      double b[5] = {1.0, 1.1, 1.2, 1.3, 1.4};
 6
 7      printf("sizeof(a) = %zu, sizeof(a[0]) = %zu\n", sizeof(a), sizeof(a[0]));
 8      printf("sizeof(a) / sizeof(a[0]) = %zu\n", sizeof(a)/sizeof(a[0]));
 9      printf("a[0] = %d, &a[0] = %p, a = %p, *a = %d\n",
10              a[0], (void *)a, (void *)&a[0], *a);
11      printf("a[1] = %d, &a[1] = %p, a+1 = %p, *(a+1) = %d\n",
12              a[1], (void *)&a[1], (void *)(a+1), *(a+1));
13      printf("a[2] = %d, &a[2] = %p, a+2 = %p, *(a+2) = %d\n",
14              a[2], (void *)&a[2], (void *)(a+2), *(a+2));
15      printf("sizeof(b) = %zu, sizeof(b[0]) = %zu\n", sizeof(b), sizeof(b[0]));
16      printf("sizeof(b) / sizeof(b[0]) = %zu\n", sizeof(b)/sizeof(b[0]));
17      printf("b[0] = %f, &b[0] = %p, b = %p, *b = %f\n",
18              b[0], (void *)b, (void *)&b[0], *b);
19      printf("b[1] = %f, &b[1] = %p, b+1 = %p, *(b+1) = %f\n",
20              b[1], (void *)&b[1], (void *)(b+1), *(b+1));
21      printf("b[2] = %f, &b[2] = %p, b+2 = %p, *(b+2) = %f\n",
22              b[2], (void *)&b[2], (void *)(b+2), *(b+2));
23      return 0;
24  }
```

実　行　例

表示形式は処理系によります。表示される値は実行ごとに変わるかもしれません。

```
$ ./a.out↵
sizeof(a) = 20, sizeof(a[0]) = 4
sizeof(a) / sizeof(a[0]) = 5
a[0] = 100, &a[0] = 0x7fff5af78870, a = 0x7fff5af78870, *a = 100
a[1] = 101, &a[1] = 0x7fff5af78874, a+1 = 0x7fff5af78874, *(a+1) = 101
a[2] = 102, &a[2] = 0x7fff5af78878, a+2 = 0x7fff5af78878, *(a+2) = 102
sizeof(b) = 40, sizeof(b[0]) = 8
sizeof(b) / sizeof(b[0]) = 5
b[0] = 1.000000, &b[0] = 0x7fff5af78840, b = 0x7fff5af78840, *b = 1.000000
b[1] = 1.100000, &b[1] = 0x7fff5af78848, b+1 = 0x7fff5af78848, *(b+1) = 1.100000
b[2] = 1.200000, &b[2] = 0x7fff5af78850, b+2 = 0x7fff5af78850, *(b+2) = 1.200000
$
```

解　説

「実行例」で出力の 1〜2 行目を見ると，配列 a の大きさ sizeof(a)（20 バイト）を 1 つの要素 a[0] の大きさ sizeof(a[0])（4 バイト）で割った結果が要素数の 5 になっており，配列要素が隙間なく並んでいることが分かります．式 sizeof(a)/sizeof(a[0]) は，配列 a の要素の型が何であっても a の要素数を表すので便利です．

配列とポインタの基本的な関係を確認しましょう．要素 a[0] へのポインタ &a[0] は a という式の値と同じで，a[1] へのポインタ &a[1] は a+1 と同じです．このため a[0] と *a は同じもの，a[1] と *(a+1) は同じものです．b についても同様です．

隣接した要素のアドレス値（&a[0] と &a[1] など）の差を見ると，a については 4，b については 8 で，それぞれ 1 要素の大きさですが，ポインタに対して 1 を加えると（a+1 など）アドレス値としては要素の大きさが加わり（a+1 の値は a より 4 大きい），要素の型が何であっても次の要素を指すポインタになります．

ポ　イ　ン　ト

☞ 配列要素はメモリ内で隙間なく並んでいる．
☞ ある要素へのポインタに整数 n を足すと，n 個後ろの要素へのポインタが得られる．
☞ &a[n] と a+n の値は等しく，a[n] と *(a+n) は等価である．

発　展

2 次元配列 int a[4][5] を宣言したとき，メモリ内で要素 a[0][0] の次に隣接している要素は a[0][1] と a[1][0] のどちらか．このとき a[0] という要素の大きさは何バイトで，a の大

きさとどういう関係があるか。a[0] と a[1] は隣接しているか。アドレス値や領域の大きさなど，必要な値を表示するプログラムを作成して，以上のことを調べよ。

▶ 6.4 ポインタと配列（2）── 順位の前後を表示する ◀

例題 6.4 以下に示すプログラムは，6 コースある 50m プールで水泳の競争をした結果を順位の順に表示した後，順位を 1 つキーボードから読み取って，その前後を含めた 3 人のタイムを表示するものである。float 型の配列 t にタイムが順位の順に格納してあり，タイムを表すデータの前後に −1 という値を入れてある。

```
#include <stdio.h>

void showadj(float *);

    関数showadjの定義

int main(void) {
    float t[] = {-1, 28.89, 29.18, 29.22, 29.66, 30.77, 31.33, -1};
    int i;

    for (i = 1; i < sizeof(t)/sizeof(t[0]) - 1; i++)
        printf("%d位 %.2f秒\n", i, t[i]);
    printf("何位の前後? ");
    scanf("%d", &i);
    showadj(&t[i]);   // 指定された順位の要素へのポインタを渡す
    return 0;
}
```

実行すると以下のようになる。指定された順位のタイムを * で示している。

```
$ ./a.out↵
1位 28.89秒
2位 29.18秒
3位 29.22秒
4位 29.66秒
5位 30.77秒
6位 31.33秒
何位の前後? 2↵
  28.89秒
* 29.18秒
  29.22秒
$
```

ただし 1 位が指定された場合には上に --------- という線を引いて表示する。

```
何位の前後? 1↵
```

```
---------
* 28.89秒
  29.18秒
$
```

最下位が指定された場合も同様に下に線を引く。

以上のようになるように，関数 showadj を適切に定義し，プログラムを完成せよ。

考え方

関数 showadj は，引数として与えられたポインタが指す要素とその前後の要素の値を表示します。配列の範囲外にアクセスしてはいけません。データの両端に入っている -1 という要素をチェックに利用しましょう。

解答例

―― プログラム 6-4 ――

```c
1   #include <stdio.h>
2
3   void showadj(float *);
4
5   void showadj(float *p) {              // 指定された順位の要素をpが指す
6       if (p[-1] < 0)                    // 直前の要素はデータの端？
7           printf("---------\n");        // pは1位を指すので上に線を引く
8       else                              // 直前の要素がちゃんとデータなら
9           printf("  %.2f秒\n", p[-1]);  // それを表示
10
11      printf("* %.2f秒\n", *p);         // pが指す要素を表示
12
13      if (p[1] < 0)                     // 直後の要素はデータの端？
14          printf("---------\n");        // pは最下位なので下に線を引く
15      else                              // 直後の要素がちゃんとデータなら
16          printf("  %.2f秒\n", p[1]);   // それを表示
17  }
18
19  int main(void) {
20      float t[] = {-1, 28.89, 29.18, 29.22, 29.66, 30.77, 31.33, -1};
21      int i;
22
23      for (i = 1; i < sizeof(t)/sizeof(t[0]) - 1; i++)
24          printf("%d位 %.2f秒\n", i, t[i]);
25      printf("何位の前後? ");
26      scanf("%d", &i);
27      showadj(&t[i]);                   // 指定された順位の要素へのポインタを渡す
28      return 0;
29  }
```

解説

ポインタ p が配列の要素を指すとき，直前の要素は p[-1]（6, 9行目），直後の要素は p[1]（13, 16行目）で表されます。配列の範囲を外れたところにアクセスしてはいけないので，データの端を表す -1 をチェックに利用しています（6, 13行目）。

ポイント

☞ ポインタが配列の要素を指すとき，ポインタに整数を足す（引く）ことでその後（前）の要素にアクセスできる。

☞ それによって配列の範囲を外れたところにアクセスしてはいけない。

発展

例題6.4のプログラムで，配列tのデータ両端にある−1という値を使うと，tの要素へのポインタからそれが何位のデータか調べることができる。void showadj(float *)という引数は変えずに，showadjで順位も表示するようにプログラムを改良せよ。💡**ヒント** 同じ配列の2つの要素を指すポインタの差は，それらが指す要素の添字の差である。

```
$ ./a.out↵
1位  28.89秒
2位  29.18秒
3位  29.22秒
4位  29.66秒
5位  30.77秒
6位  31.33秒
何位の前後? 5↵
   4位  29.66秒
*  5位  30.77秒
   6位  31.33秒
$
```

▶ 6.5 配列を関数に渡す ── 配列の内容を逆順にする ◀

例題 6.5 int型の配列の内容を逆順にする関数reverseを作り，それを用いて，適当に初期化したint型の配列の内容を逆にして表示するプログラムを作成せよ。

```
$ ./a.out↵
12 3 456 7 89 100
100 89 7 456 3 12
$
```

考え方

関数の実引数として配列名を指定すると，関数には先頭要素へのポインタが渡されます。関数での処理に要素数も必要なら，別の引数として渡しましょう。

解　答　例

─── **プログラム 6-5** ───

```
 1  #include <stdio.h>
 2
 3  void reverse(int [], int);
 4
 5  void reverse(int a[], int n) {
 6      int i, t;
 7
 8      for (i = 0; i < n / 2; i++) {   // a[0] <-> a[n-1], a[1] <-> a[n-2], ...
 9          t = a[i];                   // 要素の入れ替え：a[i] <-> a[n-i-1]
10          a[i] = a[n-i-1];
11          a[n-i-1] = t;
12      }
13  }
14
15  int main(void) {
16      int a[] = {12, 3, 456, 7, 89, 100};
17      int i;
18
19      for (i = 0; i < sizeof(a)/sizeof(a[0]); i++)   // 内容を表示
20          printf("%d ", a[i]);
21      printf("\n");
22
23      reverse(a, sizeof(a)/sizeof(a[0]));            // 内容を逆順にする
24
25      for (i = 0; i < sizeof(a)/sizeof(a[0]); i++)   // 内容を表示
26          printf("%d ", a[i]);
27      printf("\n");
28      return 0;
29  }
```

解　説

　関数 reverse は void reverse(int a[], int n) という**インタフェース**[†]にしました（5 行目）。仮引数 n に配列の要素数を与えて呼び出します。本体では a[0]↔a[n−1]，a[1]↔a[n−2]，…と要素を入れ替えます（8〜12 行目）。

　関数の仮引数に配列を宣言すると（5 行目の int a[]），その型は**配列ではなく**，宣言された配列の**要素の型へのポインタ**になります。void reverse(int *a, int n) と宣言したのとまったく同じです。呼び出し側の実引数を見ると reverse(a, …) となっています（23 行目）。**配列名は評価されるときに先頭要素へのポインタに変換される**ので，reverse の仮引数 a には int へのポインタが渡されます。このため実引数に指定された配列の要素数を，呼び出された関数の中で仮引数 a を使って sizeof(a)/sizeof(a[0]) などとして求めることはできません。そこで要素数を第 2 引数で明示的に渡しています。

　main 関数にある配列 a の先頭要素へのポインタが reverse に渡されて，それをポインタ変数 a で受けると，a[i] という式はどちらの関数でも同じ要素を意味します。このため reverse の本体（6〜12 行目）では配列を扱うのと同じように a を扱えます。

[†] 関数のインタフェースとは一般に「引数が何で戻り値が何か」のことです。

90   6. ポインタ

ポイント

☞ 関数の仮引数に配列を宣言すると，要素の型へのポインタ型の変数となる。

発　展

配列データの中に終わりを表す印を入れておけば，その印によって配列の要素数が分かるので，プログラム 6-5 の関数 reverse のように要素数を伝える引数を設けなくてよい。非負整数をデータとして持ち，最後に終わりの印として −1 がある int 型の配列の内容を逆順にする関数 void reverse_s(int []) を作成せよ。そして適当に初期化した配列（最後に −1 を入れる）を reverse_s を使って逆にし，呼び出し前と後で配列の内容を表示するプログラムを作成せよ。

```
$ ./a.out⏎
12 3 456 7 89 100 -1
100 89 7 456 3 12 -1
$
```

▶ 6.6 配列とポインタの応用 ── 1次元セルオートマトン ◀

例題 6.6　0 か 1 どちらかの値を持つ要素 N 個からなる配列 a を考える。a に適当な初期値を与えてから，以下のような繰り返しで各要素の値を変えていく。ある時点での a の中身から，次の時点での a の中身を次のように決める。すべての要素の値は次の時点での値に一気に（同時に，同期して）変わるものとする。

- a[0] と a[N − 1] はつねに 0 とする。
- 1 ≦ i ≦ N − 2 については，次の時点での a[i] の値を，現在の a[i − 1] と a[i] と a[i + 1] の値から，**表 6.1** に従って決める。

表 6.1　状態遷移のルール

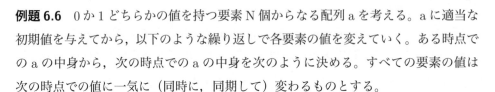

現在の	a[i − 1]	1	1	1	1	0	0	0	0
	a[i]	1	1	0	0	1	1	0	0
	a[i + 1]	1	0	1	0	1	0	1	0
次の	a[i]	0	1	0	1	1	0	1	0

初期状態（時刻 0 とする）で a の中央の要素 1 つだけに 1 を与えて他を 0 とし，上のルールに従って a の内容を変えつつ時を進め，それぞれの時刻での a の内容を表示すると以下のようになる。N は 31 とし，時刻は 10 まで進めた。値が 0 の要素は

6.6 配列とポインタの応用 —— 1次元セルオートマトン

「.」で，1の要素は「O」で示した。このように動作するプログラムを作成せよ。

```
$ ./a.out⏎
...............O...............
..............O.O..............
.............O...O.............
............O.O.O.O............
...........O.......O...........
..........O.O.....O.O..........
.........O...O...O...O.........
........O.O.O.O.O.O.O.O........
.......O...............O.......
......O.O.............O.O......
.....O...O...........O...O.....
$
```

考え方

配列1つでは次の時刻の状態を計算するのが難しいので，2つ用意して，一方の配列に現在の状態を入れ，他方に次の状態を作るとよいでしょう。

解答例

―― プログラム 6-6 ――

```c
 1   #include <stdio.h>
 2
 3   enum { NCELL = 31 };                       // セル数
 4
 5   void show(char *);
 6
 7   /* 状態を1行で表示する */
 8   void show(char *p) {
 9       for (int i = 0; i < NCELL; i++)
10           printf("%c", p[i] ? 'O' : '.');
11       printf("\n");
12   }
13
14   int main(void) {
15       char cell[2][NCELL] = {{0}};     // 交互に使う2つの配列；セルはすべて0で初期化
16       char *curp = cell[0], *nextp = cell[1];  // curpが今の状態, nextpが次の状態
17       char *tp;                                // 入れ替え用の一時変数
18
19       curp[NCELL/2] = 1;                       // 真ん中のセル1つだけが1, 他は0
20       show(curp);                              // 最初の状態を表示
21       for (int t = 0; t < 10; t++) {           // 時刻を進めるループ
22           nextp[0] = nextp[NCELL-1] = 0;       // 端はつねにゼロ
23           for (int i = 1; i < NCELL - 1; i++) {  // 端を除くセルについて
24               char curstat, nextstat, *tmpp;
25               /* ビットに関する演算子を使って, 近傍を3桁の2進数に組む */
26               curstat = curp[i-1] << 2 | curp[i] << 1 | curp[i+1];
27               switch (curstat) {               // ルールに従ってこのセルの次の状態を決める
28                   case 0: case 2: case 5: case 7: nextstat = 0; break;
29                   default: nextstat = 1; break;
30               }
31               nextp[i] = nextstat;             // このセルの次の状態
32           }
33           /* ここまででnextpに次の時刻の状態ができる */
34           tp = curp; curp = nextp; nextp = tp;  // curpとnextpを入れ替える
```

```
35          show(curp);                          // 現在の状態を表示
36      }
37      return 0;
38  }
```

解　説

　配列の各要素の値は 0 か 1 なので，サイズが小さい整数である char 型にしました。時刻を進めて状態を変える計算（21～36 行目）では，「考え方」で示したように配列を 2 つ使います。2 次元配列 cell（15 行目）が持つ 2 つの要素 cell[0] と cell[1] は，どちらも char 型の要素を NCELL 個持つ配列です。cell[0] に現在の状態が入っているとき，cell[1] に次の状態を作ります。逆に cell[1] に現在の状態が入っているときには cell[0] に次の状態を作ります。このように交互に使えば，計算結果を現在の状態を表す配列にコピーする必要がありません。この切り換えにはポインタ変数を使います。現在の状態を保持する配列の先頭要素を変数 curp で指し，他方を変数 nextp で指します。最初 curp は cell[0] の先頭を指し，nextp は cell[1] の先頭を指します（16 行目）。次の時刻の状態を nextp の先に作ったら，curp と nextp を入れ替えます（34 行目）。

　隣り合った 3 つの要素の値から表 6.1 に従って次の時刻の中央の要素の値を決めるやり方は以下の通りです。表 6.1 の上の 3 段は 3 ビットの整数を表していると見なせます。一番左が 7，一番右が 0 です。そのそれぞれについて，一番下の段で 0 か 1 かを決めています。そこで，現在の状態の 3 つの要素を 3 ビットの整数にし（26 行目），switch 文を使って，次の中央要素の状態が 0 か（28 行目）あるいは 1 か（29 行目）を決めています。

ポイント

☞　ポインタを使うと配列のコピーを避けられることがある。

発　展

　例題 6.6 にあるルールの表は，隣り合う 3 つの要素の 0 と 1 からなるすべてのパターンについて，次の時刻での中央の要素の値を定めている。このため，一番下の段の 0 と 1 の割り当てを変えれば，別の時間変化が起きる。その割り当てとして可能なのは，0 か 1 を 8 個並べたものだから，00000000 から 11111111 までの 256 種類であり，これも 2 進数と見ると，ルール 0 からルール 255 までが可能である。例題 6.6 のルールは 2 進数で 01011010，つまりルール 90 である。

　そこで例題 6.6 のプログラムを拡張して，ルール 90 に限らず，任意のルールでの時間変化を表示できるようにせよ。ルールは 0 から 255 までのどれかとして列挙定数で与え

6.7 ポインタの配列 —— 所要時間で経路をソートする

例題 6.7 ある駅から目的地の駅に行く経路が複数ある。経由する路線それぞれの乗車時間[分]を**図 6.1**のようなデータ構造で表現する。各経路をintの配列で表している。最初の経路は，乗車時間が5分，35分，6分と3つの路線を使う。−1で終わりを示す。routesはポインタの配列で，各要素は各経路の先頭要素を指す。斜線はデータの終わりを示す空ポインタである。初期化を用いてこのようなデータを作り，経路と所要時間の一覧を表示してから，routesの内容をソートして所要時間の短い順に表示するプログラムを作成せよ。

```
$ ./a.out↵
経路#1: 5分 35分 6分, 合計46分
経路#2: 6分 9分 20分 5分, 合計40分
経路#3: 20分 35分, 合計55分
経路#4: 7分 19分 18分 5分, 合計49分
経路#5: 33分 21分, 合計54分
時間順にします
経路#1: 6分 9分 20分 5分, 合計40分
経路#2: 5分 35分 6分, 合計46分
経路#3: 7分 19分 18分 5分, 合計49分
経路#4: 33分 21分, 合計54分
経路#5: 20分 35分, 合計55分
$
```

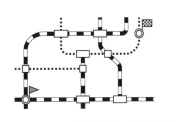

図 6.1 のデータであれば，ソート後に**図 6.2**のようになればよい。

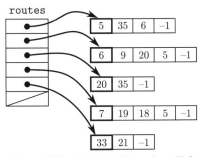

図 6.1 複数の経路を表現するデータ構造

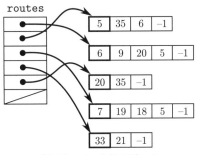

図 6.2 ソート後のデータ

考え方

各経路は別々の int 型の配列として宣言し，初期化で値を入れましょう．それらの先頭要素へのポインタを配列として持つ配列 routes を初期化で作ります．routes の各要素は int へのポインタなので，routes は「int へのポインタ」の配列です．これを考えて型宣言をしましょう．

経路を所要時間順にソートするには各経路の合計時間が必要ですから，それを保持するために配列を用意します．合計時間を計算して配列に格納する処理は関数として作るとよいでしょう．全経路表示は 2 回行うので，この処理も関数にしましょう．

解答例

―― プログラム 6-7 ――

```c
 1  #include <stdio.h>
 2
 3  #define NELEMS(a) (sizeof(a)/sizeof(a[0]))
 4
 5  void calc_ttime(int *[], int []);
 6  void show_routes(int *[], int []);
 7
 8  /* 各経路の所要時間を計算する */
 9  void calc_ttime(int *routep[], int ttimep[]) {
10      while (*routep != NULL) {                   // 空ポインタが見つかるまで
11          *ttimep = 0;
12          for (int *p = *routep; *p > 0; p++)
13              *ttimep += *p;                      // 乗車時間を所要時間に足し込む
14          routep++;
15          ttimep++;
16      }
17  }
18
19  /* 経路の一覧を表示する */
20  void show_routes(int *routep[], int ttimep[]) {
21      for (int **rp = routep; *rp != NULL; rp++, ttimep++) {
22          printf("経路#%d:", (int)(rp-routep)+1);  // rp-routepが添字, ptrdiff_t型
23          for (int *p = *rp; *p > 0; p++)
24              printf(" %d分", *p);
25          printf(", 合計%d分\n", *ttimep);
26      }
27  }
28
29  int main(void) {
30      int route1[] = {5, 35, 6, -1},
31          route2[] = {6, 9, 20, 5, -1},
32          route3[] = {20, 35, -1},
33          route4[] = {7, 19, 18, 5, -1},
34          route5[] = {33, 21, -1};
35      int *routes[] = {route1, route2, route3, route4, route5, NULL};
36      int ttime[NELEMS(routes)-1];                // 各経路の所要時間
37      int n = NELEMS(ttime);                      // 経路数（ソートのため）
38
39      calc_ttime(routes, ttime);                  // 所要時間を計算してttimeに入れる
40      show_routes(routes, ttime);                 // 一覧を表示
41
42      printf("時間順にします\n");
43      /* バブルソート */
44      for (int i = 0; i < n-1; i++) {             // iは0から1つずつ増やす
```

```
45          for (int j = n-2; j >= i; j--) {     // 後ろから逆順にiまで
46              if (ttime[j] > ttime[j+1]) {      // 隣り合った2つで
47                  int d, *rp;                    // 前が小さくなるように入れ替える
48                  d = ttime[j]; ttime[j] = ttime[j+1]; ttime[j+1] = d;
49                  rp = routes[j]; routes[j] = routes[j+1]; routes[j+1] = rp;
50              }
51          }                        // 内側のループによってi以降で最小の要素がiのところにくる
52      }                            // iを増やしつつ最後まで繰り返せば小さい順に並ぶ
53
54      show_routes(routes, ttime);                  // 結果を表示
55      return 0;
56  }
```

解説

各経路の乗車時間は route1 などの配列に格納し（30～34行目），そのそれぞれの先頭要素へのポインタを配列 routes に初期化で与えます（35行目）。routes の各要素は int へのポインタなので，routes の型は `int *routes[]` です。空ポインタはマクロ NULL を使って与えました。配列 ttime（36行目）には各経路の所要時間を入れます。sizeof 演算を使った配列の要素数を得る計算を関数形式マクロ NELEMS として定義しました（3行目）。

所要時間を計算する関数を `void calc_ttime(int *routep[], int ttimep[])` として作りました（9行目）。どちらの引数も配列として宣言されているので，実際には `int **routep` と `int *ttimep` というポインタ型になります。39行目で呼び出されると，それぞれ main 関数の routes と ttime の先頭要素を指します。これらをインクリメントしながら計算します（14～15行目）。routep が指す要素が空ポインタになると，ループ `while (*routep != NULL)` の条件（10行目）が成り立たなくなってループを終了します。空ポインタは 0 に等しい決まりになっているので，この条件は `while (*routep != 0)` や `while (*routep)` と書くこともできます。

一覧を表示する関数 show_routes（20行目）のインタフェースは calc_ttime と同じで，中のループの動作も同様です。異なる点は，calc_ttime が routep の値を変えるのに対し，show_routes では添字を `rp-routep` で求めるため（22行目），routep の値を変えずに新たな変数 rp を使っていることです。ポインタの差を計算する式 `rp-routep` の値は整数[†]ですが，そのまま printf で表示するには特殊な指定（td という変換）が必要なので，ここでは int 型にキャストして表示しました（22行目）。

所要時間順のソート（43～52行目）では，ttime の要素の大小に従って，ttime と routes それぞれの要素を入れ替えます。ここでの routes の扱いのようなポインタの入れ替えでのソートは，大きな要素をコピーせずに済むため効率がよいのでよく使われます。ソートアルゴリズムとしては**バブルソート**を使いました。

[†] ポインタ同士の減算の結果は **ptrdiff_t 型**という符号付き整数型になります。

96　6. ポインタ

ポ イ ン ト

☞　ポインタの配列は大きなデータを扱うときによく使われるデータ構造である。
☞　配列 int *a[] の要素を指すポインタの型は int **p である。
☞　ポインタの入れ替えは配列全体の内容を入れ替えるより効率がよい。

発　　　展

例題 6.7 のプログラムを，経路をソートして表示した後，指定した乗車時間を変更できるよう拡張せよ。変更したい経路と，いくつめの路線かと，新しい時間を入力すると，そのようにデータを変更して，再び経路をソートして表示する。経路として 0 を入力するまで，何度でも変更できるようにせよ。ソート処理は関数にせよ。

```
$ ./a.out↵
経路#1: 5分 35分 6分
経路#2: 6分 9分 20分 5分
経路#3: 20分 35分
時間順にします
経路#1: 6分 9分 20分 5分，合計40分
経路#2: 5分 35分 6分，合計46分
経路#3: 20分 35分，合計55分
何番目の経路? 1↵
いくつめの路線? 4↵
5分→? 12↵
時間順にします
経路#1: 5分 35分 6分，合計46分
経路#2: 6分 9分 20分 12分，合計47分
経路#3: 20分 35分，合計55分
何番目の経路? 0↵
いってらっしゃい！
$
```

▶ 6.8 動的メモリ確保 ── レースのタイムを格納する ◀

例題 6.8　何名かの競技者で競われるレースがある。競技者数をキーボードから受け取り，その人数分のゼッケン番号を格納する int 型配列の領域と，タイムを格納する double 型配列の領域を，ライブラリ関数 malloc で動的に確保し，それらにデータをキーボードから読み取って，最後に一覧を表示するプログラムを作成せよ。

```
$ ./a.out↵
競技者数? 3↵
ゼッケン番号? 63↵
#63のタイム? 127.026↵
```

6.8 動的メモリ確保 —— レースのタイムを格納する

```
ゼッケン番号? 21↵
#21のタイム? 127.925↵
ゼッケン番号? 87↵
#87のタイム? 128.208↵
--- 結果 ---
#63: 127.026秒
#21: 127.925秒
#87: 128.208秒
$
```

考　え　方

ライブラリ関数 void *malloc(size_t n) は，呼び出すと動的に n バイトのメモリ領域を確保し，確保した領域の先頭へのポインタを戻り値として返します．この問題では2つの配列が必要なので malloc を2回使いましょう．**size_t 型**はメモリ領域の大きさを表すための符号なし整数型で，sizeof 演算の結果の型でもあります．領域の確保に失敗したら，ライブラリ関数 **exit** を exit(EXIT_FAILURE); のように呼び出してプログラムの実行を終了させましょう（exit 関数からは戻りません）．EXIT_FAILURE は失敗終了を伝えるためのマクロです．malloc, exit, EXIT_FAILURE を使うには stdlib.h を取り込みます．

解　答　例

───────── プログラム 6-8 ─────────
```
 1  #include <stdio.h>
 2  #include <stdlib.h>
 3
 4  int main(void) {
 5      int *tnum, n;              // tnumはゼッケン番号の配列領域を指す；nは競技者数
 6      double *qtime;             // タイムの配列領域を指す
 7
 8      printf("競技者数? ");
 9      scanf("%d", &n);
10      if ((tnum = malloc(sizeof(int)*n)) == NULL) {      // ゼッケン番号の領域確保
11          perror("malloc");
12          exit(EXIT_FAILURE);
13      }
14      if ((qtime = malloc(sizeof(double)*n)) == NULL) {  // タイムの領域確保
15          perror("malloc");
16          exit(EXIT_FAILURE);
17      }
18      for (int i = 0; i < n; i++) {
19          printf("ゼッケン番号? ");
20          scanf("%d", &tnum[i]);
21          printf("#%dのタイム? ", tnum[i]);
22          scanf("%lf", &qtime[i]);
23      }
24      printf("--- 結果 ---\n");
25      for (int i = 0; i < n; i++)
26          printf("#%d: %.3f秒\n", tnum[i], qtime[i]);
27      free(tnum);                                        // ゼッケン番号の領域解放
28      free(qtime);                                       // タイムの領域解放
29      return 0;
30  }
```

解説

ゼッケン番号を入れる配列領域として sizeof(int)*n バイトの領域を確保します（10行目）。malloc の戻り値は void * 型で，ポインタ変数 tnum への代入で int へのポインタ型に変換されます。これで tnum が指す領域が int の配列として tnum[i] などのように使えます（20行目など）。領域が何らかの理由（もう空いているメモリがないなど）で確保できなければ，malloc はエラーとして空ポインタを返すので，それを判定して（10行目），エラーメッセージを表示してプログラムを終了します（11～12行目）。タイムを入れる領域の確保についても，要素の型が double である以外は同様です（14～17行目）。

ライブラリ関数 **perror**（11行目）は，直前に呼び出したライブラリ関数の処理で起きたエラーについての簡単なメッセージを表示します。メモリ不足で領域が確保できなければ malloc: Cannot allocate memory などと表示されます（メッセージは処理系によります）。exit(《値》); という呼び出しは main 関数では return 《値》; と同じですが，main 以外の関数の中からでも exit を呼び出せば即座にプログラムを終了できます。

malloc で確保した領域はプログラム終了時まで有効で，そのときに自動的に解放されます。それを待たずに領域を解放するには **free** を使います（27～28行目）。

ポイント

☞ プログラム作成時に大きさが決められない配列領域は malloc で動的に確保する。
☞ malloc で確保した領域は free で解放できる。

発展

例題 6.8 では最初に競技者数をキーボードから入力することとした。それをせずにデータを入力していき，ゼッケン番号として負の数が入力されたら入力終了と見なして，一覧を表示するようなプログラムを作成せよ。ライブラリ関数 **realloc** を使うとよい。

```
$ ./a.out↵
ゼッケン番号? 17↵
#17のタイム? 128.423↵
ゼッケン番号? 32↵
#32のタイム? 129.152↵
ゼッケン番号? 12↵
#12のタイム? 129.377↵
ゼッケン番号? -1↵
--- 結果 ---
#17: 128.423秒
#32: 129.152秒
#12: 129.377秒
$
```

7 文字と文字列

文字はコンピュータの中で**文字コード**という整数値で表現されます．本書ではC言語で基本的な**1バイト文字**を扱います．いわゆる半角の英数記号などが1バイト文字です．1バイト文字は unsigned char 型で表現できます．1バイト文字からなる文字列は，メモリ内では char の配列で表現され，データ中の**空文字** '\0' が文字列の終わりを表します．文字列を複数まとめて扱うときには**文字列へのポインタの配列**を用います．char *v[] のような配列です．それぞれの要素（char へのポインタ）が1つの文字列を表します．最後の要素としては空ポインタを入れます．**コマンド行引数**もこのデータ構造で表されます．

ファイルやキーボード入力は getchar などで読むと文字の並びとして読めます．入力データの終わりは EOF というマクロが表す値（普通は −1）として得られます．ファイルや画面への出力も putchar などで文字の並びとして書き出します．

▶ 7.1 文字の基本 —— 文字と文字コード ◀

例題 7.1 キーボードから文字列を1行入力すると，その文字列に含まれるそれぞれの文字とその文字コードを順に表示するプログラムを作成せよ．

```
$ ./a.out↵
文字列を入力して下さい：+81 Japan↵
文字'+' 文字コード43
文字'8' 文字コード56
文字'1' 文字コード49
文字' ' 文字コード32
文字'J' 文字コード74
文字'a' 文字コード97
文字'p' 文字コード112
文字'a' 文字コード97
文字'n' 文字コード110
$
```

考え方

1バイト文字を標準入力から1文字ずつ読み込むにはライブラリ関数 int getchar(void) を使います．printf で1バイト文字1つを表示するには c 変換を使います．

解答例

プログラム 7-1
```
1  #include <stdio.h>
2
3  int main(void) {
4      int c;
5
6      printf("文字列を入力して下さい: ");
7      while ((c = getchar()) != '\n')              // 改行文字に出会うまで
8          printf("文字'%c' 文字コード%d\n", c, c);   // %cで文字を, %dでコードを表示
9      return 0;
10 }
```

解説

標準入力(standard input, 略して**stdin**)はプログラムの通常の(scanfやgetcharなどの)入力先のことで，普通はキーボードです。getcharは読んだ1文字の**文字コード**をint型の値として返します。この整数を**文字**そのものと見なして「getcharは文字を返す」などといいます。1行分を処理するために，whileループで改行文字 '\n' がくるまでgetcharを使って1文字ずつ読み込みます(7行目)。ループの条件は「読み込んだ1文字をcに代入して(c = getchar() の部分)，その値が改行文字でないなら(!= '\n' の部分)」という式です。これで入力された文字が変数cに入り，ループ本体(8行目)で扱えます。

ポイント

☞ プログラムの通常の入力先を標準入力という。

☞ getcharは標準入力から1文字読み込み，その文字を戻り値として返す。

発展

文字コード32から126に対応する文字の表を以下のように表示するプログラムを作成せよ。なおコード32の文字は空白なので見えないがそれでよい。

```
$ ./a.out⏎
  32     33 !  34 "  35 #  36 $  37 %  38 &  39 '
  40 (   41 )  42 *  43 +  44 ,  45 -  46 .  47 /
  48 0   49 1  50 2  51 3  52 4  53 5  54 6  55 7
  56 8   57 9  58 :  59 ;  60 <  61 =  62 >  63 ?
  64 @   65 A  66 B  67 C  68 D  69 E  70 F  71 G
  72 H   73 I  74 J  75 K  76 L  77 M  78 N  79 O
  80 P   81 Q  82 R  83 S  84 T  85 U  86 V  87 W
  88 X   89 Y  90 Z  91 [  92 \  93 ]  94 ^  95 _
  96 `   97 a  98 b  99 c 100 d 101 e 102 f 103 g
 104 h  105 i 106 j 107 k 108 l 109 m 110 n 111 o
 112 p  113 q 114 r 115 s 116 t 117 u 118 v 119 w
 120 x  121 y 122 z 123 { 124 | 125 } 126 ~
$
```

▶ 7.2 1文字入力 ── 大文字を数える ◀

例題 7.2 標準入力にある英大文字の数を数えて表示するプログラムを作成せよ。例えば以下のような内容のファイル in.txt を用意し

```
101 Introduction to Programming
Basic programming using C (Credits: 2)
```

これを入力として実行すると以下のような結果が得られるようにせよ。

```
$ ./a.out < in.txt⏎
大文字は5個ありました
$
```

考え方

標準入力は普通はキーボードですが，設問では < を使って標準入力をファイル in.txt に切り替えています（UNIX 系 CLI などの機能です）。getchar が読み込むのは in.txt の内容になります。英大文字の文字コードは，普通の PC などの場合，65 が「A」，90 が「Z」で，その間はアルファベット順に連続しています。入力の終わりに達してそれ以上読めなくなると，getchar は EOF というマクロで示される負の値（普通は -1）を返します。

解答例

── プログラム 7-2 ──
```c
#include <stdio.h>

int main(void) {
    int c, n;

    n = 0;
    while ((c = getchar()) != EOF) {  // ファイルの終わりまで
        if (65 <= c && c <= 90)       // 文字コードがA以上Z以下なら
            n++;                      // 大文字として数える
    }
    printf("大文字は%d個ありました\n", n);
    return 0;
}
```

解説

while ループを使って読んだ文字を処理します（7〜10 行目）。getchar は標準入力から

1 文字を読んでその文字コード（非負整数）を返し，入力の終わりに達したら EOF（負の数）を返すため，戻り値は必ず int 型の変数で受けます。

'A' のような文字定数は文字コード（整数）を表すので，65 や 90 などの整数定数の代わりに文字定数を用いて 8 行目の条件式を 'A' <= c && c <= 'Z' と書くこともできます。整数定数や文字定数を用いたこのような文字種の判定方法は，実行環境で使われている文字コード体系に依存します。実用的なプログラムでは，より多くの環境で動作するように，ライブラリ関数を使って文字種を判定します（本節の「発展」参照）。

標準入力をファイルに切り換えなければ，キーボードからの入力にある大文字を数えます。ファイルと違ってキーボード入力には終わりがないため，プログラムに入力の終わりを擬似的に知らせるため特定のキー操作をします。UNIX 系 CLI ではコントロールキー+D（以下で `^D` で示した），Windows 系では `^Z` の後にエンター，などの操作です。

```
$ ./a.out↵
101 Introduction to Programming↵
Basic programming using C (Credits: 2)↵
^D
大文字は5個ありました
$
```

ポイント

☞ 入力を 1 文字ずつ処理するループは while ((c = getchar()) != EOF) と書く。
☞ getchar の戻り値は必ず int 型の変数で受ける。

発　展

ライブラリ関数 int isupper(int c) は，引数 c が英大文字のときに真（0 以外の値）を，そうでない場合に 0 を返す。ヘッダ ctype.h を取り込んで使う。この関数を用いて文字種を判定するように例題 7.2 のプログラムを書き換えよ。

▶ 7.3　1 文字ずつの入出力 —— 伏せ字にする ◀

例題 7.3　標準入力に含まれる数字（「0」から「9」）のそれぞれをすべて「X」に変えて標準出力に出力するプログラムを作成せよ。例えば以下のような内容のファイル in.txt を用意して

```
Private information
Cell-Phone: 091-2345-6789
My-Number: 1234-5678-9012
```

これを入力として実行すると以下のような結果が得られるようにせよ．

```
$ ./a.out < in.txt ⏎
Private information
Cell-Phone: XXX-XXXX-XXXX
My-Number: XXXX-XXXX-XXXX
$
```

数字かどうかの判定にはライブラリ関数 isdigit を用いよ．

考　え　方

標準出力（standard output，略して **stdout**）はプログラムの通常の（printf などの）出力先のことで，普通は画面です．ライブラリ関数 int putchar(int c) は標準出力に文字 c を出力します．getchar で入力から 1 文字ずつ読み，それが数字かどうかを判定して，putchar で適切な文字を出力するとよいでしょう．

ライブラリ関数 int isdigit(int c) は，c が数字なら 0 以外を返し，そうでなければ 0 を返します．ヘッダ ctype.h を取り込んで使います．

解　答　例

―――――――― プログラム 7-3 ――――――――
```c
1   #include <stdio.h>
2   #include <ctype.h>
3
4   int main(void) {
5       int c;
6
7       while ((c = getchar()) != EOF) {  // ファイルの終わりまで
8           if (isdigit(c))               // cが数字なら
9               putchar('X');             // 'X'を出力する
10          else                          // そうでなければ
11              putchar(c);               // 入力のcをそのまま出力する
12      }
13      return 0;
14  }
```

解　説

getchar で標準入力から 1 文字ずつ読み（7 行目），読んだ文字に応じて putchar で標準出力に 1 文字を出力しています（8〜11 行目）．この while ((c = getchar()) != EOF) というループと putchar の組合せは，入力を 1 文字ずつ処理して出力する常套手段です．

104   7. 文字と文字列

ポイント

☞ 入力を 1 文字ずつ処理して出力するには getchar と putchar をループで用いる。

発展

標準入力にある各数字を入力欄 [␣] にして標準出力に出力するプログラムを作成せよ。例えば例題 7.3 の in.txt を入力として実行すると，以下のように出力されるようにせよ。

```
$ ./a.out < in.txt
Private information
Cell-Phone: [ ][ ][ ]-[ ][ ][ ][ ]-[ ][ ][ ][ ]
My-Number: [ ][ ][ ][ ]-[ ][ ][ ][ ]-[ ][ ][ ][ ]
$
```

▶ 7.4 行の処理 ── 行頭の文字を大文字にする ◀

例題 7.4 入力の各行について，先頭の文字が英小文字ならばそれを大文字にして表示するプログラムを作成せよ。例えば以下のような内容のファイル in.txt を用意し

```
tokyo
washington D.C.
Paris
```

これを入力として実行すると以下のような結果が得られるようにせよ。

```
$ ./a.out < in.txt
Tokyo
Washington D.C.
Paris
$
```

文字を大文字にするにはライブラリ関数 toupper を使うこと。

考え方

1 つの行は**改行文字** '\n' で終わるので，その次の文字は行頭の文字です。最後に出力した文字を変数に覚えておいて，それによって次の文字を大文字にするかどうかを決めるとよいでしょう。また，入力の最初の文字も行頭の文字です。

ライブラリ関数 int toupper(int c) は，文字 c が英小文字ならそれを大文字にした

文字を返し，そうでなければ c そのものを返します。ヘッダ ctype.h が必要です。

解　答　例

───────── **プログラム 7-4** ─────────
```
 1  #include <stdio.h>
 2  #include <ctype.h>
 3
 4  int main(void) {
 5      int c, pc;                      // pc: 1つ前の文字 (previous character)
 6
 7      pc = '\n';                      // 最初の文字を行頭扱いにするため
 8      while ((c = getchar()) != EOF) {
 9          if (pc == '\n')             // いま行頭なら
10              putchar(toupper(c));    // 小文字なら大文字に，それ以外はそのまま
11          else                        // そうでなければ
12              putchar(c);             // cをそのまま出力
13          pc = c;                     // いま出力した文字を覚えておく
14      }
15      return 0;
16  }
```

解　　説

変数 pc を用意し（5 行目），標準出力に出力した文字を覚えておきます（13 行目）。pc の内容に従って（9 行目），読んだ文字を大文字化（10 行目）あるいはそのまま（12 行目）出力します。入力の最初の文字を行頭として扱うために，pc には最初 '\n' を入れておきます（7 行目）。pc が '\n' のときに入力として '\n' がきた場合には，それを行頭文字と見なさず '\n' を出力する必要がありますが，toupper('\n') は '\n' を返すのでそのまま出力すればよく，特別な処理はしていません。

ポイント

☞　改行文字が行の終わりを表すので，1 行ごとの処理ではそれを目印にする。

発　　展

英文の文末がある行を示すプログラムを作成せよ。文末にはピリオド（.）か疑問符（?）か感嘆符（!）があるとし，それらが 1 つでもある行の右側に <== という印をつけて出力せよ。例えば以下のような内容のファイル in.txt を入力として与えて実行すると

```
Write a program that indicates lines
where the ends of sentences reside.  Assume
each end of sentence has a period, a question
mark or an exclamation mark!  How can you
achieve it?
```

以下のような実行結果が得られるようにせよ。

```
$ ./a.out < in.txt⏎
Write a program that indicates lines
where the ends of sentences reside.  Assume <==
each end of sentence has a period, a question
mark or an exclamation mark!  How can you <==
achieve it? <==
$
```

▶ 7.5 文字を扱う型 —— 文字種を関数で判定する ◀

例題 7.5 引数として 1 文字を受け取って，その文字の種類を以下の整数値で返す関数 int kind(unsigned char c) を作成し

- 英小文字なら 0
- 英大文字なら 1
- 数字なら 2
- 空白類文字なら 3
- それ以外なら 4

kind を使って，以下のように入力の文字を置き換えて出力するプログラムを作成せよ。

- 英小文字は x に
- 英大文字は X に
- 数字は 0 に
- 空白類文字は _ に
- それ以外は . に

例えば以下のような内容のファイル in.txt を用意し

```
Private information
Cell-Phone: 091-2345-6789
My-Number: 1234-5678-9012
```

これを入力として与えて実行すると以下のような結果が得られるようにせよ。

```
$ ./a.out < in.txt⏎
Xxxxxxx_xxxxxxxxxxx_
Xxxx.Xxxxx._000.0000.0000_
Xx.Xxxxxx._0000.0000.0000_
$
```

改行文字は空白類文字なので _ を表示した後に，入力と行が合うようにそこで出力が

7.5 文字を扱う型 —— 文字種を関数で判定する

改行されるようにせよ．文字種の判定にはライブラリ関数を使うこと．

考　え　方

空白類文字（white-space character）とは単語などを区切る空きと見なされる文字のことで，よく使われる文字の中では空白 '␣'，改行 '\n'，**水平タブ** '\t' が空白類文字です．

英大文字かどうかを判定する isupper や，数字かどうかを判定する isdigit と同様に，英小文字かどうかを判定する `int islower(int)` や空白類文字かどうかを判定する `int isspace(int)` というライブラリ関数があります．ヘッダ ctype.h が必要です．

解　答　例

―― プログラム 7-5 ――

```c
 1  #include <stdio.h>
 2  #include <ctype.h>
 3
 4  int kind(unsigned char);
 5
 6  int kind(unsigned char c) {
 7      if (islower(c))         // 小文字
 8          return 0;
 9      else if (isupper(c))    // 大文字
10          return 1;
11      else if (isdigit(c))    // 数字
12          return 2;
13      else if (isspace(c))    // 空白類文字
14          return 3;
15      else                    // その他
16          return 4;
17  }
18
19  int main(void) {
20      int c;
21
22      while ((c = getchar()) != EOF) {
23          switch(kind(c)) {
24              case 0: putchar('x'); break;
25              case 1: putchar('X'); break;
26              case 2: putchar('0'); break;
27              case 3: putchar('_'); break;
28              case 4: putchar('.'); break;
29          }
30          if (c == '\n')       // cが改行文字なら，上で出力した'_'に加えて
31              putchar('\n');   // さらに改行文字を出力する
32      }
33      return 0;
34  }
```

解　説

このプログラムでは文字を int 型と unsigned char 型で扱っています．main 関数の変数 c は，getchar が返す負数である EOF を扱うために int 型としました（20 行目）．関数

kind（6行目）には1バイト文字のみが渡される（EOF は渡されない）ため，仮引数 c は unsigned char 型としました。23行目の呼び出しでは，実引数である int 型変数 c の値が unsigned char 型に変換されて kind の仮引数 c（unsigned char 型）に渡されます。

　1文字を扱うには，このようにおもに int 型と unsigned char 型を使います。EOF とともに文字を扱うときには int 型を使い，1バイトの整数値として1文字を表したいときには unsigned char 型を使うとよいでしょう。

ポイント

☞　実引数と仮引数の型が違う場合には，代入と同じように型変換が起きる。
☞　1文字を扱う型を適切に選ぼう。

発　　展

　例題 2.4 の暗号化方法を用いて，入力中の英小文字のみを暗号化して出力するプログラムを作成せよ。暗号キーはプログラム中に定数として与えよ。例えば以下のような内容のファイル in.txt を入力として用意し

```
Some books are to be tasted, others to be swallowed,
and some few to be chewed and digested.
  --- Sir Francis Bacon
```

暗号キーを1として実行すると，以下のような結果が得られるようにせよ。

```
$ ./a.out < in.txt↵
Spnf cpplt bsf up cf ubtufe, puifst up cf txbmmpxfe,
boe tpnf gfx up cf difxfe boe ejhftufe.
  --- Sjs Fsbodjt Bbdpo
$
```

▶ 7.6　文字列の基本 ── 文字列を反転する ◀

例題 7.6　1バイト文字からなる文字列を反転して表示するプログラムを作成せよ。元の文字列はプログラム中に文字列リテラルとして与えよ。例えば以下のように元の文字列「Hello!」を与えて実行すると，「!olleH」と表示されるようにせよ。

```
char str[] = "Hello!";
```

考　え　方

1バイト文字列は char の配列で表されます。プログラムの中に " " でくくって与えた文字列を**文字列リテラル**といいます。文字列は**空文字** '\0' で終端されているので，それを目印に文字列の末尾を探して，そこから逆順に1文字ずつ表示しましょう。

解　答　例

―― プログラム 7-6 ――

```
 1  #include <stdio.h>
 2
 3  int main(void) {
 4      char str[] = "Hello!";
 5      int i;
 6
 7      i = 0;
 8      /* 文字列の末尾を探す */
 9      while (str[i] != '\0')       // 空文字を探す
10          i++;
11      i--;                          // その直前が末尾の文字
12      /* 先頭まで逆順に表示する */
13      while (i >= 0) {
14          putchar(str[i]);
15          i--;
16      }
17      putchar('\n');
18      return 0;
19  }
```

解　説

配列 str は H，e，l，l，o，!，空文字 '\0' の7要素からなり，文字列 Hello! を表します。str の先頭からループで1文字ずつ見て空文字を探し（9〜10行目），見つけたところで i を1減らして（11行目）空文字直前にある末尾の文字の添字にして，そこから i が0になるまで逆順に1文字ずつ表示します（13〜16行目）。

ポ　イ　ン　ト

☞　文字列は char の配列であり，文字列の終わりは空文字で示される。

発　展

十分に大きな文字列領域に，短い文字列を初期化で用意し，その文字列を2回繰り返した文字列を同じ領域に作って表示するプログラムを作成せよ。例えば以下のように文字列領域と短い文字列を用意したなら

```
char str[1024] = "Yahho-";
```

実行によって配列 str に「Yahho-Yahho-」という文字列が作られ，それが表示されるよう

にせよ．なお，文字列の表示には printf の **s 変換**を使うとよい．printf("%s\n", str); とすると文字列 str の内容が表示される．

▶ 7.7　文字列とポインタ ── 回文かどうか判定する ◀

例題 7.7　入力された文字列が回文かどうかを表示するプログラムを作成せよ．回文とは，前から読んでも後ろから読んでも同じになるように書かれた文のことである．なお，文字列中の文字にアクセスするには添字でなくポインタを使うこと．

```
$ ./a.out
文字列? step on no pets
「step on no pets」は回文です
$ ./a.out
文字列? takeyabu yaketa
「takeyabu yaketa」は回文ではありません
$
```

考　え　方

入力を 1 行読むにはライブラリ関数 **fgets** を使いましょう．以下のようにすると，標準入力から改行文字を含めた入力 1 行が char の配列 s に読み込まれます．読み込む最大のバイト数を第 2 引数で指定します．第 3 引数の stdin は標準入力を表します．

```
char s[1024];
fgets(s, 1024, stdin);
```

回文判定では，まず char へのポインタ型変数 p と q を宣言して，p で先頭の文字を指し，q で末尾の文字を指すようにします．そこから p を 1 ずつ増やし，q を 1 ずつ減らして，それぞれのポインタが指している文字が同じかどうかチェックしましょう．

解　答　例

―― プログラム 7-7 ――
```
1   #include <stdio.h>
2
3   int main(void) {
4       char s[1024], *p, *q;
5
6       printf("文字列? ");
7       fgets(s, sizeof(s), stdin);
8       /* 改行文字があれば取り除く */
9       for (p = s; *p != '\0'; p++) {
10          if (*p == '\n') {
```

```
11              *p = '\0';          // 改行文字を空文字で上書き
12              break;
13          }
14      }
15      if (s[0] == '\0') {
16          printf("空文字列です\n");
17      } else {
18          /* 文字列末尾の空文字を探す */
19          q = s;
20          while (*q != '\0')
21              q++;
22          /* 先頭と末尾から見ていく */
23          q--;                    // 末尾の文字をqに指させる
24          p = s;                  // 先頭の文字をpに指させる
25          while (p < q) {         // pとqが出会うまでの間
26              if (*p != *q)       // 等しくない文字があれば回文ではないので
27                  break;          // ループをbreakする
28              p++;                // pを後ろに進め,
29              q--;                // qを前に進める
30          }
31          if (p < q)              // ループ条件が成り立っているならbreakしてきたはず
32              printf("「%s」は回文ではありません\n", s);
33          else                    // ループを回りきったなら回文
34              printf("「%s」は回文です\n", s);
35      }
36      return 0;
37  }
```

解説

キーボードからの入力を char の配列 s に読み込み（7行目），改行文字を空文字で上書きすることで取り除きます（9～14行目）。入力が空文字列の場合は別扱いとし（15～16行目），そうでなければ，末尾の文字を q に指させ（18～23行目），先頭の文字を p に指させて（24行目），p と q が出会うまで，p を後ろに，q を前に動かしながら，指している文字が等しいか調べます（25～30行目）。このループを回りきればすべて等しかったので回文です。途中で break すれば回文ではありません。ループ直後にループ条件が成り立っているかどうかでこれが判断できます（31行目）。

ポイント

☞ ポインタのインクリメントとデクリメントを使って文字列内の文字を次々と扱える。

☞ 同じ配列の要素を指すポインタ同士の大小比較で，それらの要素の添字の大小（要素の位置関係）が分かる。

発展

コンマ (,) で区切ったいくつかのデータからなる 1 行を入力すると，その各データと，それが何番目のデータであるかを表示し，最後にデータ数を表示するプログラムを作成せよ。💡**ヒント** コンマを空文字で置き換えると，そこまでを文字列と見なせる。

```
$ ./a.out⏎
コンマ区切りの行を入力して下さい: Tanaka Akira,2016,10,15,Male⏎
フィールド#1: "Tanaka Akira"
フィールド#2: "2016"
フィールド#3: "10"
フィールド#4: "15"
フィールド#5: "Male"
フィールド数は5個です
$
```

▶ 7.8 文字列を扱う関数 ── 改行文字を取り除く ◀

例題 7.8 fgets は入力された1行を改行文字を含めて返すが，この改行文字を取り除きたい。文字列を引数として渡すと，その文字列に改行文字があればそれを取り除いてそこを文字列の終わりとし，改行文字がなければその文字列を変えないような関数 chomp を作成せよ。それを使って，キーボードから名前を fgets で読み取ってその名前を入れたメッセージを以下のように表示するプログラムを作成せよ。

```
$ ./a.out⏎
あなたの名前は? Raiden⏎
勇者 Raiden よ，よくぞ参った
$
```

考え方

fgets で改行文字を含んだ文字列を読み込んだときには，その文字列は \n\0 で終わっているはずです。この '\n' を '\0' で上書きすると \0\0 となり，文字列が1つめの '\0' で終端されて，改行文字を取り除いた文字列となります。

解答例

―――― プログラム 7-8 ――――

```
1   #include <stdio.h>
2
3   void chomp(char *);
4
5   void chomp(char *p) {
6       while (*p != '\0') {    // 文字列の末尾まで見る
7           if (*p == '\n') {    // 改行文字を見つけたら
8               *p = '\0';       // 空文字で上書きしてそこで文字列を終端して
9               return;          // 戻る
10          }
11          p++;
```

```
12        }
13        /* 改行文字がなかったらここで戻る */
14  }
15
16  int main(void) {
17      char name[100];
18
19      printf("あなたの名前は? ");
20      fgets(name, sizeof(name), stdin);
21      chomp(name);
22      printf("勇者 %s よ，よくぞ参った\n", name);
23      return 0;
24  }
```

解　説

文字列は char の配列なので，丸ごと関数に引数として渡したり，戻り値として返したりはできず，その代わりに先頭要素へのポインタを引数として渡します。そこで void chomp(char *p) というインタフェースにしました（5 行目）。21 行目で呼び出されると，配列 name の先頭要素へのポインタが chomp に渡され，chomp の中では *p として name の内容にアクセスできます（6〜8 行目）。

ポイント

☞　文字列を関数に渡すときには，先頭文字へのポインタを渡す。

発　展

キーボードから文字列を 1 行入力させるときには，多くの場合，① プロンプトを表示する，② fgets で 1 行読み取る，③ 改行を取り除く，という処理をする。これらをまとめて行う関数 get_line を作成せよ。以下のように使うと

```
char s[1024];
get_line(s, sizeof(s), "メッセージをどうぞ：");
```

画面に「メッセージをどうぞ：」と表示して入力待ちになり，キーボードからユーザが文字列を入力してエンターキーを押すと，改行を除いた入力文字列が s に入るようにせよ。そして get_line を用いて例題 7.8 の解となるプログラムを作成せよ。

▶ 7.9　文字コードを使った計算 ── パスワード ◀

例題 7.9　登録されたパスワードをそのまま保存するとデータが漏洩(ろうえい)したときに危険なので，一般にはパスワードを元の文字列を推測しにくいような変換方法で変換して

得られるデータを保存する．1バイト文字からなるパスワードを変換して登録し，その後で入力されたパスワードが正しいかどうかチェックするプログラムを以下のように作成せよ．

はじめにパスワードを入力させ，それを次の式で整数に変換する．得られた値 h をハッシュ値と呼ぶことにする．C_i は i 文字目の文字コード（最初の文字を1文字目とする），N はパスワードの文字数である．mod は剰余演算で % 演算子に相当する．

$$h = (C_1 \times 31^{N-1} + C_2 \times 31^{N-2} + \cdots + C_{N-1} \times 31^1 + C_N \times 31^0) \bmod 4\,093$$

例えばパスワードが「ABC」なら，A の文字コードが 65，B の文字コードが 66，C の文字コードが 67 なので

$$h = (65 \times 31^2 + 66 \times 31 + 67) \bmod 4\,093 = 64\,578 \bmod 4\,093 = 3\,183$$

となり，「ABC」のハッシュ値は 3 183 である．

求めたハッシュ値を変数に保存しておき，その後に入力を3回まで受け付けて，同じ式で計算した値が保存してあったハッシュ値と同じなら，正しいパスワードと見なして「ログインしました」というメッセージを表示してプログラムを終了する．

```
$ ./a.out↵
パスワードを登録して下さい: ABC↵
ハッシュ値 3183
パスワード? abc↵
ハッシュ値 2215
パスワードが違います
パスワード? ABC↵
ハッシュ値 3183
ログインしました！
$
```

3回間違ったら「ログインに失敗しました」と表示してプログラムを終了する．

```
$ ./a.out↵
パスワードを登録して下さい: secret↵
ハッシュ値 1257
パスワード? naisho↵
ハッシュ値 1589
パスワードが違います
パスワード? nandakke↵
ハッシュ値 3376
パスワードが違います
パスワード? wasureta↵
ハッシュ値 3077
パスワードが違います
ログインに失敗しました…
$
```

7.9 文字コードを使った計算 —— パスワード

考　え　方

文字列からハッシュ値を求める処理は関数として作りましょう。累乗を求める演算子はC言語にはないので，31のn乗は31をn回掛けて求めましょう。

解　答　例

―――― プログラム 7-9 ――――

```
1   #include <stdio.h>
2
3   int hash(char *);
4
5   int hash(char *pw) {
6       int i;
7       long int h;
8
9       h = 0;
10      for (i = 0; pw[i] != '\0'; i++)
11          h = h * 31 + pw[i];              // この計算はlong intで行われる
12      return h % 4093;                     // long intの結果が戻り値の型intに変換される
13  }
14
15  int main(void) {
16      char pw[100];
17      int i, pw_hash, h;
18
19      printf("パスワードを登録して下さい: ");
20      scanf("%99s", pw);                   // 入力を99文字に制限
21      pw_hash = hash(pw);
22      printf("ハッシュ値 %d\n", pw_hash);
23      for (i = 0; i < 3; i++) {
24          printf("パスワード? ");
25          scanf("%99s", pw);               // 入力を99文字に制限
26          h = hash(pw);
27          printf("ハッシュ値 %d\n", h);
28          if (h == pw_hash)                // ハッシュ値が一致したら
29              break;                       // ループをbreakする
30          printf("パスワードが違います\n");
31      }
32      if (i < 3)      // ループ条件が成り立っている＝breakしてきた＝ハッシュ値が一致
33          printf("ログインしました！\n");
34      else                                 // ループを回りきった
35          printf("ログインに失敗しました…\n");
36      return 0;
37  }
```

解　説

ハッシュ値を求める関数 int hash(char *) を作りました（5行目）。この関数は long int 型を使って計算を行います。ループ（10〜11行目）で求めているのは以下のような値ですが（3文字の場合）

$$((0 \times 31 + C_0) \times 31 + C_1) \times 31 + C_2$$

カッコを展開すれば以下のようになって，ハッシュ値の式の通りです。

$$C_0 \times 31^2 + C_1 \times 31 + C_2$$

ポイント

☞ 整数型が表せる値の範囲に気をつけて，扱うデータに合った適切な型を選ぼう．

発展

プログラム 7-9 では，パスワードが長くなると 10〜11 行目のループで h の値が long int 型が表せる範囲を超えてオーバフローが発生し，ハッシュ値が正しく求まらない．

```
$ ./a.out⏎
パスワードを登録して下さい：abcdefghijklmn⏎
ハッシュ値 -1509
パスワード？
```

また設問にあるハッシュ値の計算式は，文字コードが非負整数であると暗に仮定しているが，char 型が符号付きであるような処理系では 11 行目の計算式で pw[i] が負になることがあり，ハッシュ値が正しく求まらない．これらの問題を解決するようにコードを改善せよ．ただし関数 hash のインタフェースは変えずに int hash(char *) のままとせよ．

💡 ヒント $(xy) \bmod m = ((x \bmod m)y) \bmod m$ が成り立つ．

▶ 7.10 文字列を返す関数 —— 2進数表現を求める ◀

例題 7.10 引数として unsigned int 型の値を渡すと，それを 2 進数として表現した文字列を作る関数 to_binary を作成せよ．それを使って，キーボードから入力した非負整数を 2 進数にして表示するプログラムを作成せよ．

```
$ ./a.out⏎
非負整数を入力して下さい：987⏎
2進表記で 1111011011 です
$
```

考え方

整数を入力として文字列を作りますが，文字列は配列なので丸ごと関数から返すことができないため，呼び出し側で領域を確保してそこへのポインタを引数として渡しましょう．2 進表現を得るには以下のようにするとよいでしょう．例えば 13 の 2 進表現は 1101 で

す．はじめに 13 の最下位ビットをビットごとの AND 演算子 & を使って 13 & 1 で取り出すと 1 です．次に 13 >> 1 として 13 を右に 1 ビットシフトします．2 進表現で 110, つまり 6 になります．この値の最下位ビットを 6 & 1 で取り出すと 0 です．これを繰り返すと 1, 0, 1, 1 という並びが得られ，逆順にすれば 13 の 2 進表現 1101 が得られます．

解 答 例

―― プログラム 7-10 ――

```
1   #include <stdio.h>
2
3   void to_binary(unsigned int, char *);
4
5   void to_binary(unsigned int n, char *bufp) {
6       char *p = bufp, c;
7
8       while (n > 0) {                    // nのビットを下から見ていく
9           *p++ = n & 1 ? '1' : '0';      // 最下位ビットに応じて'1'か'0'をpに追加
10          n >>= 1;                       // 右シフトして最下位ビットを捨てる
11      }
12      *p-- = '\0';                       // 空文字で終端し，pに末尾の文字を指させる
13
14      /* 逆順でbufpに2進数表現が求まっているので反転する */
15      while (bufp < p) {                 // 後ろへ向かうbufpと前に向かうpが出合うまで
16          c = *bufp; *bufp++ = *p; *p-- = c;    // 前後で文字を入れ替える
17      }
18  }
19
20  int main(void) {
21      unsigned int val;
22      char buf[1024];
23
24      printf("非負整数を入力して下さい: ");
25      scanf("%u", &val);
26      to_binary(val, buf);               // valを2進表記にしてbufに入れてもらう
27      printf("2進表記で %s です\n", buf);
28      return 0;
29  }
```

解 説

2 進表現を作る関数 to_binary には，引数として unsigned int 型の値と，文字領域へのポインタを渡します（5 行目）．領域は十分大きいと仮定して，範囲のチェックはしません．「考え方」に従い，まず n を下位ビットから見て逆順の 2 進数表現を bufp に作り（8〜12 行目），その後で前後を反転します（14〜17 行目）．

main に返す文字列領域を以下のように to_binary の中で宣言してはいけません．このように宣言した変数（buf）の領域は，関数から戻るときに無効になるからです．

```
char *to_binary(unsigned int n) {
    char buf[1024];

    2進数表現をbufに作る;
    return buf;    // これはいけない：戻るときにbufの領域が無効になるため
```

```
}
int main(void) {
    unsigned int val;
    char *p;

    valに値を読み取る;
    p = to_binary(val);
    printf("%s\n", p);
}
```

ポイント

☞ 文字列を関数から返すには，呼び出し側で領域を用意してそこへのポインタを引数として渡すのが一般的である．

発　　展

金額を3桁ずつコンマで区切って表現することは多い．unsigned long int 型の値 n をそのような表現の文字列に変換する関数 void comma_separate(unsigned long int n, char *bufp) を作ろう．引数 bufp は結果を受け取る文字列領域へのポインタとする．そして comma_separate を使って，キーボードから入力した金額をコンマ区切りで表示するプログラムを作成せよ．

```
$ ./a.out⏎
金額? 1234567⏎
1,234,567円
$
```

1 000円未満や0円の場合にも正しく動くように注意せよ．💡 **ヒント** 整数を文字列にするにはライブラリ関数 **sprintf** が使える．printfのように書式を指定すると，標準出力でなく文字列領域に書き込む．以下の例では buf に文字列「I'm No.1!」が書き込まれる．

```
char buf[1024];
sprintf(buf, "I'm No.%d!", 1);
```

▶ 7.11　領域を確保して返す関数 ── 無制限の文字列入力 ◀

例題 7.11　文字列を標準入力から1行読み取って処理するプログラムでは普通，固定長の char 型配列変数を宣言して使うが，その場合には想定した長さを超えた入力

は扱えない。このような場合に使えるように，メモリが許す限りどんなに長くても標準入力から1行読み込んで返す関数 char *mgets(void) を作成せよ。mgets の戻り値は，読み込んだ文字列の先頭の文字を指すポインタとする。そして mgets を使って，キーボードから氏名を読み取ってあいさつを表示するプログラムを作成せよ。

```
$ ./a.out↵
ファーストネーム? Anthony↵
ファミリーネーム? van Dyck↵
ようこそ, Anthony van Dyckさん！
$
```

考え方

入力の長さがあらかじめ分からないので，mgets では**動的メモリ確保**を用いて領域を確保しつつ入力を読み，最後に先頭へのポインタを返しましょう。領域を確保するライブラリ関数 **malloc** と，一度確保した領域の大きさを変える **realloc** が使えます。改行文字がくるまで getchar で1文字ずつ読み，その都度 realloc で領域を広げるとよいでしょう。

解答例

―― プログラム 7-11 ――

```
1   #include <stdio.h>
2   #include <stdlib.h>
3
4   char *mgets(void);
5
6   char *mgets(void) {
7       char *p, *newp;
8       int c;
9       size_t sz = 1;                      // 現在の領域のサイズを覚えておく変数
10
11      if ((p = malloc(sz)) == NULL)       // まず1文字分の領域を確保
12          return NULL;
13      while ((c = getchar()) != EOF) {
14          if (c == '\n')                  // 改行文字がきたらループ終了
15              break;
16          if ((newp = realloc(p, sz+1)) == NULL)  // 領域を1バイト増やそう
17              break;                      // 増やせなかった…まあここまでを結果としよう
18          p = newp;                       // 増やせたので，新しい領域へのポインタをpへ
19          sz++;                           // 領域のサイズに1を足す
20          p[sz-2] = c;                    // 一番後ろの1つ前に文字を入れる（一番後ろは常に空き）
21      }
22      p[sz-1] = '\0';                     // 必ず空いている一番後ろに空文字を入れて終端
23      return p;
24  }
25
26  int main(void) {
27      char *vnam, *fnam;
28
29      printf("ファーストネーム? ");
```

```
30      vnam = mgets();
31      printf("ファミリーネーム? ");
32      fnam = mgets();
33      printf("ようこそ, %s %sさん！\n", vnam, fnam);
34      free(fnam);           // mgetsで確保した領域を解放
35      free(vnam);           // （同上）
36      return 0;
37  }
```

解説

mgets はまず malloc で 1 バイトの領域を確保し（11 行目），1 文字読むたびに realloc で領域を 1 バイト広げます（16 行目）。ループを回る間は必ず領域末尾の 1 バイトが空いた状態にしておき，改行文字か EOF がきたらそこに空文字を入れて終端します（22 行目）。

realloc は拡張した後の領域へのポインタを返しますが，その領域の先頭アドレスは拡張前と同じであるとは限りません．realloc はエラー時に空ポインタを返すので，いきなり p = realloc(p, sz+1) としてエラーが起きたら，代入前の p が指すそれまで読んだ文字列にアクセスできなくなってしまいます．これを避けるため，一旦 newp に受け（16 行目），エラーでないと確認してから p に代入します（18 行目）．

ポイント

☞ 関数で領域を確保して返すときには動的メモリ確保が使える．

発展

プログラム 7-11 は 1 文字読み込むたびに realloc を呼び出すため，速度の面で望ましくない．そこで 16 バイト単位で領域確保と拡張を行うようにプログラムを改善せよ．最初に malloc で 16 バイト確保して文字を読み込んでいき，領域が不足するごとに 16 バイト単位で領域を拡張する．入力の長さが 40 バイトなら，確保される領域は 48 バイト（16 × 3）で，うち 41 バイトが利用され（1 バイトは空文字の分），残りの 7 バイトは使われない．

▶ 7.12 文字列へのポインタの配列（1）── データを作る ◀

例題 7.12 図 7.1 に示すデータ構造は，星組というグループのメンバを表している．文字列リテラルと初期化を使ってこのデータ構造を作り，以下のようにメンバ名の一覧を表示するプログラムを作成せよ．配列 hoshi の各要素は char へのポインタであり，名前を表す各文字列の先頭の文字を指す．斜線は空ポインタを表している．

7.12 文字列へのポインタの配列（1）── データを作る

```
$ ./a.out⏎
hiroto
yuuma
souta
minato
ren
$
```

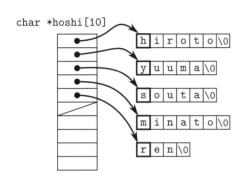

図 7.1 文字ポインタの配列

考　え　方

　文字列の先頭の文字を指すポインタは一般に**文字列へのポインタ**と呼ばれます。**文字列へのポインタの配列**は char *hoshi[10]; のように宣言します。各要素が char へのポインタ，つまり文字列を表します。データの終わりには通常，空ポインタを入れます。

解　答　例

──────── プログラム 7-12 ────────
```
 1  #include <stdio.h>
 2
 3  int main(void) {
 4      char *hoshi[10] = {"hiroto", "yuuma", "souta", "minato", "ren", NULL};
 5      int i;
 6
 7      for (i = 0; hoshi[i] != NULL; i++)   // 空ポインタが見つかるまで
 8          printf("%s\n", hoshi[i]);
 9      return 0;
10  }
```

解　　説

　文字列へのポインタの配列 hoshi は 10 個の要素を持ち，そのうち最初の 6 個に初期化でデータが与えられます（4行目）。文字列リテラル "hiroto" は文字の配列で，その式の値である先頭文字へのポインタが hoshi[0] に初期値として入ります。hoshi[4] まで同様に初期化されます。hoshi[5] には空ポインタが入ります。7～8 行目のループは空ポイン

タが見つかるまで回り，本体では char へのポインタである hoshi[i] を s 変換に与えるので名前が表示されます．

ポイント

☞ 文字列へのポインタの配列では，終わりの印として空ポインタを入れると便利である．

発 展

月の番号を入力するとその月の英語名を表示するプログラムを作成せよ．月の英語名のデータは文字列へのポインタの配列とし，初期化で値を与えること．

```
$ ./a.out↵
何月[1-12]? 10↵
10月はOctoberです
$
```

▶ 7.13 文字列へのポインタの配列（2） ── 要素を挿入する ◀

例題 7.13 例題 7.12 で作成したデータ構造に加え，月組を表す文字列へのポインタの配列を以下のように作り

```
char *tsuki[10] = {"aoi", "haruna", "yui", NULL};
```

両方の組のメンバを表示した後，星組にいる 1 人を入力で指定すると，その人を月組にも所属させて，再び両組のメンバを表示するプログラムを作成せよ．

```
$ ./a.out↵
Hoshi: 0:hiroto 1:yuuma 2:souta 3:minato 4:ren
Tsuki: 0:aoi 1:haruna 2:yui
星組のどの人？（添字を入力） 2↵
月組に入れる位置? 1↵
Hoshi: 0:hiroto 1:yuuma 2:souta 3:minato 4:ren
Tsuki: 0:aoi 1:souta 2:haruna 3:yui
$
```

なお入力は，上の実行例のように，両方に所属させる人の星組における添字（この例では 2）と月組の中に入れる位置の添字（この例では 1）とし，両方に所属させた人のデータは図 7.2 に示すデータ構造のように共有されるようにすること．

7.13 文字列へのポインタの配列（2）—— 要素を挿入する   123

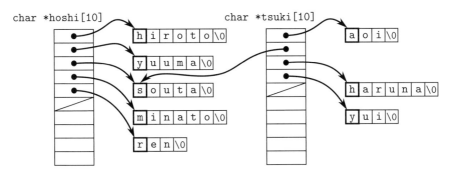

図 7.2 hoshi[2] を tsuki[1] として共有した状態

考　え　方

図 7.2 の状態を作るには，hoshi[2] の値（ポインタ）を tsuki[1] にコピーします。これで hoshi[2] と tsuki[1] が同じ "souta" を指します。コピーする前に，tsuki[1] を空けるために，元々 tsuki[1] 以降にあった要素を 1 つずつ後ろ（添字の大きいほう）にずらします。このときポインタをコピーすればよく，文字列の内容を移動させる必要はありません。

hoshi や tsuki を引数として渡すとメンバー覧を表示する関数を作るとよいでしょう。

解　答　例

―― プログラム 7-13 ――
```
 1   #include <stdio.h>
 2
 3   void show_group(char *, char *[]);
 4
 5   /* name: に続けて，vの内容を添字付きで表示する */
 6   void show_group(char *name, char *v[]) {
 7       printf("%s:", name);
 8       for (int i = 0; v[i] != NULL; i++)       // 空ポインタが見つかるまでループ
 9           printf(" %d:%s", i, v[i]);           // その文字列を表示
10       putchar('\n');
11   }
12
13   int main(void) {
14       char *hoshi[10] = {"hiroto", "yuuma", "souta", "minato", "ren", NULL};
15       char *tsuki[10] = {"aoi", "haruna", "yui", NULL};
16       int i, to, from;
17
18       show_group("Hoshi", hoshi);
19       show_group("Tsuki", tsuki);
20
21       printf("星組のどの人？（添字を入力）");
22       scanf("%d", &from);
23       printf("月組に入れる位置？ ");
24       scanf("%d", &to);
25
26       /* コピー先を空ける */
27       for (i = 0; tsuki[i] != NULL; i++);       // 空ポインタを探す（本体は空文「;」）
28       /* 後ろから順に，後ろに1つずつずらす */
```

```
29        for (; i >= to; i--)
30            tsuki[i+1] = tsuki[i];
31        tsuki[to] = hoshi[from];                // ポインタをコピー
32
33        show_group("Hoshi", hoshi);
34        show_group("Tsuki", tsuki);
35        return 0;
36    }
```

解説

メンバ一覧を表示する関数 show_group を作りました（6行目）。第1引数にグループ名，第2引数に文字ポインタの配列を渡すと一覧を表示します。第2引数の宣言 char *v[] は main 関数にある hoshi などと同じですが，仮引数で配列を宣言すると要素へのポインタ型になる決まりから，v は char へのポインタへのポインタ型の変数 char **v であり，show_group(…, hoshi) として呼び出すと，図 7.3 のように hoshi[0] の領域を指すポインタが v に入ります。これにより v[i] は hoshi[i] と同じものとして扱えます（8〜9行目）。

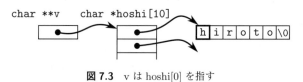

図 7.3　v は hoshi[0] を指す

main 関数では，コピー元とコピー先の添字を読み込んだら（21〜24行目）tsuki における行き先の要素を空けるために内容を1つずつずらします（26〜30行目）。29行目のループのように，後ろから順にずらす必要があります。その後，指定された要素（ポインタ値）を hoshi から tsuki にコピーします（31行目）。

ポイント

☞ 配列に要素を挿入するには，その分の場所を空ける必要がある。
☞ char へのポインタを使うと文字列の実体をコピーしなくても文字列を共有できる。

発展

星組のデータを作る例題 7.12 のプログラムに，メンバを新たに追加する機能を与えよ。名前と，追加する位置の添字を入力すると，そのメンバを追加して全体を表示する。新しい名前を入れる領域は，変数として宣言するか，動的に確保せよ。

```
$ ./a.out⏎
0:hiroto
1:yuuma
2:souta
```

```
3:minato
4:ren
名前? asahi⏎
入れる位置? 0⏎
0:asahi
1:hiroto
2:yuuma
3:souta
4:minato
5:ren
$
```

7.14 文字列へのポインタの配列（3）── 要素を削除する

例題 7.14 例題 7.13 のプログラムに手を入れて，星組の指定したメンバを月組へ移動するようにせよ．

```
$ ./a.out⏎
Hoshi: 0:hiroto 1:yuuma 2:souta 3:minato 4:ren
Tsuki: 0:aoi 1:haruna 2:yui
移動元の要素の添字? 2⏎
移動先の位置? 1⏎
Hoshi: 0:hiroto 1:yuuma 2:minato 3:ren
Tsuki: 0:aoi 1:souta 2:haruna 3:yui
$
```

考え方

指定したメンバを例題 7.13 の処理で共有した後，そのメンバを hoshi から削除すると，移動になります．このためには，削除したい要素が上書きされるように，それより後ろにある要素を前（添字の小さいほう）に 1 つずつずらします．

解答例

―― プログラム 7-14 ――

```c
 1  #include <stdio.h>
 2
 3  void show_group(char *, char *[]);
 4
 5  /* name: に続けて，vの内容を添字付きで表示する */
 6  void show_group(char *name, char *v[]) {
 7      printf("%s:", name);
 8      for (int i = 0; v[i] != NULL; i++)     // 空ポインタが見つかるまでループ
 9          printf(" %d:%s", i, v[i]);          // その文字列を表示
10      putchar('\n');
11  }
12
13  int main(void) {
```

```
14      char *hoshi[10] = {"hiroto", "yuuma", "souta", "minato", "ren", NULL};
15      char *tsuki[10] = {"aoi", "haruna", "yui", NULL};
16      int i, to, from;
17
18      show_group("Hoshi", hoshi);
19      show_group("Tsuki", tsuki);
20
21      printf("移動元の要素の添字? ");
22      scanf("%d", &from);
23      printf("移動先の位置? ");
24      scanf("%d", &to);
25
26      /* 移動先を空ける */
27      for (i = 0; tsuki[i] != NULL; i++);       // 空ポインタを探す（本体は空文「;」）
28      /* 後ろから順に，後ろに1つずつずらす */
29      for (; i >= to; i--)
30          tsuki[i+1] = tsuki[i];
31      tsuki[to] = hoshi[from];                  // ポインタをコピー
32      /* 移動元を削除 */
33      for (i = from; hoshi[i] != NULL; i++)     // fromより後を前に1つずつずらす
34          hoshi[i] = hoshi[i+1];
35
36      show_group("Hoshi", hoshi);
37      show_group("Tsuki", tsuki);
38      return 0;
39  }
```

解 説

プログラム 7-13 に要素を削除する処理を加えました（32〜34 行目）。添字の小さいほうから順に前にずらして添字 from の要素を削除します。データ終わりの印である空ポインタも忘れずにコピーします。このコードでは，hoshi[i] が NULL となる直前のループ本体 hoshi[i] = hoshi[i+1]（34 行目）の実行で空ポインタがコピーされます。

ポイント

☞ 配列から要素を削除するには，それ以降の要素を 1 つずつ前に詰める。

発 展

文字列へのポインタの配列から一度に複数の要素を削除するプログラムを作成せよ。いくつかの文字列を持つ文字ポインタの配列を初期化で作って最後に空ポインタを入れ，各文字列を添字とともに表示する。キーボードから削除開始位置と削除する要素数を入力したら，指定されただけの要素を削除して，残っている文字列を連続して表示せよ。

```
$ ./a.out⏎
0:一番 1:大切な 2:ことは 3:単に 4:生きること 5:でなく 6:善く 7:生きること 8:である
削除開始の位置? 4⏎
いくつ? 3⏎
一番大切なことは単に生きることである
$
```

7.15 2次元文字配列 ── データを作る

例題 7.15 tsuki という名前で2次元文字配列を宣言し，初期化を使ってそれぞれの要素に文字列 aoi, haruna, yui を格納し，各要素の添字と内容を表示するプログラムを作成せよ。

```
$ ./a.out ⏎
0: aoi
1: haruna
2: yui
$
```

考え方

2次元文字配列は「char の配列」を要素とする配列で，char tsuki[M][N]; のように宣言します。これは「N バイトの領域を持つ char の配列」が M 個並んだ配列です。

解答例

―― プログラム 7-15 ――
```c
1   #include <stdio.h>
2
3   int main(void) {
4       char tsuki[][15] = {"aoi", "haruna", "yui"};
5
6       for (int i = 0; i < sizeof(tsuki)/sizeof(tsuki[0]); i++)
7           printf("%d: %s\n", i, tsuki[i]);
8       return 0;
9   }
```

解説

4行目で配列 tsuki を宣言しています。初期値の数から最初の [] の要素数が分かるのでこのように省略できます。tsuki[3][15] という宣言と同じです。多次元配列でこの省略が許されるのは一番左の [] の分だけです。各文字列のバイト数 15 は，名前が収まる適当な大きさとして選びました。**図 7.4** がこの宣言で作られるデータ構造です。

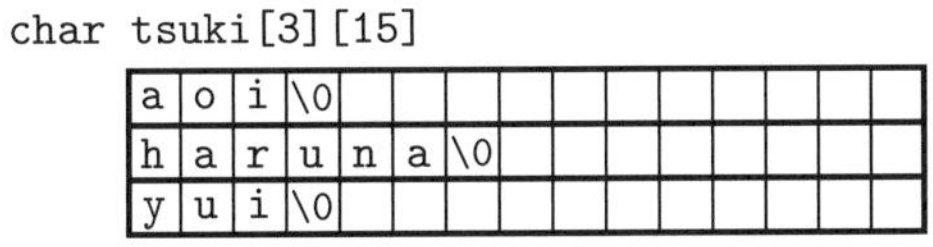

char tsuki[3][15]

a	o	i	\0											
h	a	r	u	n	a	\0								
y	u	i	\0											

図 7.4 char の 2 次元配列

文字ポインタの配列と違って1つの要素がchar [15] という配列なので，空ポインタで終わりを示すことはできないため，sizeof演算子を使って要素数を求めています（6行目）。

文字列を複数扱う場合に2次元文字配列を用いると，無駄な領域が多くなりやすく，要素の挿入や削除にも工夫が必要です（本節の「発展」に挑戦してみて下さい）。そのため例題7.12で用いた文字列へのポインタの配列を使うのが普通です。2次元文字配列が有用なのは，クロスワードパズルのように2次元の領域に文字を配置するような場合です。

ポイント

☞ 2次元文字配列は，2次元に文字が配置されるような場合に有用である。

発展

例題7.15のプログラムに，指定した要素を削除する機能を追加せよ。

```
$ ./a.out ⏎
0: aoi
1: haruna
2: yui
削除する要素の添字は? 1⏎
0: aoi
1: yui
$
```

▶ 7.16 コマンド行引数（1） —— メッセージを繰り返し表示する ◀

例題7.16 コマンド行引数で整数とメッセージを指定すると，その整数の回数だけメッセージを表示するプログラムを作成せよ。

```
$ ./a.out 4 Hello⏎
Hello
Hello
Hello
Hello
$
```

考え方

コマンド行引数はmain関数の仮引数に設定されます。int main(int argc, char *argv[]) と宣言すると，argcが引数の数となり，argvがすべての引数（文字列）へ

7.16 コマンド行引数（1）── メッセージを繰り返し表示する

のポインタの配列を示します。整数を表す文字列を整数値に変換するにはライブラリ関数 `int atoi(char *)` が使えます。`atoi("123")` として呼び出すと，戻り値として int 型の値 123 を返します。ヘッダ stdlib.h が必要です。

解 答 例

```
                  ─── プログラム 7-16 ───
 1   #include <stdio.h>
 2   #include <stdlib.h>
 3
 4   int main(int argc, char *argv[]) {
 5       int n;
 6
 7       if (argc != 3) {
 8           printf("使い方: %s 回数 メッセージ\n", argv[0]);
 9           exit(EXIT_FAILURE);
10       }
11       n = atoi(argv[1]);           // argv[1]が回数（文字列），atoiで整数に
12       while (n--)
13           printf("%s\n", argv[2]); // argv[2]がメッセージ
14       return 0;
15   }
```

解 説

main 関数の第 1 引数 argc は，コマンド名（./a.out）を含めたコマンド行引数の個数で，コマンド行として ./a.out 4 Hello が入力されると 3 になります。引数の数がこのように正しいかどうか argc を用いてチェックしています（7 行目）。引数の文字列は例題 7.12 と同様の空ポインタで終端された char へのポインタの配列で表現され，その先頭要素へのポインタが argv に渡されます。argv[0] はコマンド名（./a.out など）で，エラーメッセージに使用しました（8 行目）。argv[1] が回数で，文字列なので atoi を使って整数に変換します（11 行目）。メッセージを示す argv[2] は printf の s 変換で表示します（13 行目）。使っていませんが argv[3] が空ポインタです。

ポイント

☞ コマンド行引数の個数が main 関数の第 1 引数（argc）として得られる。

☞ コマンド行引数にあるそれぞれの引数（文字列）は，main 関数の第 2 引数（argv）からアクセスできる。

発 展

コマンド行の第 1 引数（コマンド名の次の引数）で文字を指定し（c とする），その後の 1 つ以上の引数に文字列を指定して実行すると，文字 c を以降の文字列の中から探して，各文字列の何文字目にあるか表示するプログラムを作成せよ。

```
$ ./a.out o Lorem ipsum dolor sit amet⏎
"Lorem" 2文字目
"ipsum"
"dolor" 2文字目 4文字目
"sit"
"amet"
$
```

▶ 7.17 コマンド行引数（2）── 引数を連結して表示する ◀

例題 7.17 下線 _ をはさんで2つの文字列を連結する関数 void concat(char *, char *) を作成せよ。例えば以下のように concat を呼び出すと

　　　　char s[1024] = "Hello", t[] = "world";
　　　　concat(s, t);

s の内容が「Hello_world」となるようにせよ。ただし s が空文字列（最初の1バイトが空文字 '\0'）なら，下線を入れず，単に第2引数の文字列を第1引数が指す領域にコピーすること。そして concat を使って，コマンド行引数（プログラム名は除く）を下線をはさんですべて連結し，それを表示するプログラムを作成せよ。

```
$ ./a.out Hello world I am here⏎
Hello_world_I_am_here
$
```

考　え　方

コマンド行引数をすべて連結するには，十分な大きさの文字列領域を用意してそこに空文字列を入れ，concat を使ってコマンド行引数を1つずつそこに連結していきます。

解　答　例

───── プログラム 7-17 ─────
```
 1  #include <stdio.h>
 2
 3  void concat(char *, char *);
 4
 5  void concat(char *p, char *q) {
 6      if (*p) {                    // pが空文字列でないなら
 7          while (*p)               // pの末尾を
 8              p++;                 // 探して
 9          *p++ = '_';              // 下線を追加する
10      }
```

```
11      while (*q)                  // qの文字を1つずつ
12          *p++ = *q++;            // pに追加する
13      *p = '\0';                  // 空文字で終端する
14  }
15
16  int main(int argc, char *argv[]) {
17      char s[1024] = "";
18
19      while (*++argv)              // argv[1]から順に
20          concat(s, *argv);        // 1つずつsに追加していく
21      printf("%s\n", s);
22      return 0;
23  }
```

解　説

関数 concat はまず，引数 p が空文字列でなければ p の末尾を探して（7〜8行目）そこに下線を入れ，p にその次の位置を指させて（9行目），p が指す位置以降に引数 q が指す内容をコピーします（11〜13行目）。p が指す領域は十分大きいと仮定しました。

main 関数のループ（19〜20行目）では，条件式 *++argv で argv をインクリメントしつつ，*argv が空ポインタでない間，それを concat に渡して s に追加していきます。*argv が空ポインタになったら条件が偽になるので終了します。

ポイント

☞ コマンド行引数を1つずつ処理するときには空ポインタで終わりが判断できる。

発　展

文字列へのポインタの配列（空ポインタで終端されているとする）を引数として指定すると，そのすべての文字列を下線 _ をはさんで連結する関数 vconcat を作成せよ。例えば以下のように vconcat を呼び出すと

```
char *v[] = {"Good", "evening", "folks", NULL};
char s[1024];
vconcat(s, v);
```

s の内容が「Good_evening_folks」となるようにせよ。そして vconcat を使ってコマンド行引数をすべて連結して表示するプログラムを作成せよ。

```
$ ./a.out Good evening folks⏎
Good_evening_folks
$
```

8 プログラムの構成

　C言語のプログラムは1つ以上の**ソースファイル**として作り，それぞれに0個以上の**関数**を定義します。そのうちの1つがmain関数です。ソースファイル名には通常「.c」という拡張子をつけます。関数の中では変数を宣言して使えます。関数の仮引数や，ブロック {} の中で普通に宣言する変数は**自動変数**といい，その領域は関数が呼び出される（ブロックに入る）ときに自動的に確保され，関数から戻る（ブロックから出る）ときに解放されます。変数がその名前でアクセスできるプログラム文面上の範囲を**有効範囲**，変数の領域が有効であるプログラム実行中の期間を**生存期間**といいます。自動変数の有効範囲は関数（ブロック）内，生存期間は関数（ブロック）の実行中です。

　自動変数と有効範囲や生存期間が異なる変数の種類があります。**外部変数**の有効範囲はプログラム全体，生存期間はプログラムの実行中です。**静的変数**の生存期間もプログラム実行中ですが，有効範囲はブロック内とソースファイル内の2種類があります。

　コンパイラは与えられたソースファイルを個別にコンパイルするので，コンパイルに必要な情報を各ファイルに与える必要があります。複数のソースファイルとしてプログラムを作る際に特に重要なのが，外部変数の extern 宣言と**関数プロトタイプ**の宣言です。共通の宣言は「.h」という拡張子をつけたソースファイルに入れて，それぞれの .c ソースファイルで取り込むと便利です。

▶ 8.1　外部変数 —— 外貨両替プログラム ◀

例題 8.1　米ドルを日本円に変換するプログラムを作成せよ。為替レート（1ドルが何円か）はキーボードから読み込んで外部変数に格納し，その外部変数の値を用いてドルを円に変換する関数を作って用いること。結果の1円未満は切り捨てよ。

```
$ ./a.out⏎
1ドルは何円? 104.41⏎
何ドル? 3.88⏎
3.88ドルは405円になります
$
```

考え方

　外部変数はプログラム実行中ずっと生存し，プログラム内のどこからでもアクセスでき

8.1 外部変数 —— 外貨両替プログラム

ます。為替レートを main 関数で外部変数に入れれば，main から呼び出す他の関数でもその値を使うことができます。

解 答 例

―― プログラム 8-1 ――

```c
#include <stdio.h>

double jpy_usd;              // 外部変数の定義宣言

int usd_to_jpy(double);      // 関数プロトタイプ

int usd_to_jpy(double d) {
    return jpy_usd * d;      // 戻り値の型がintなので小数点以下切り捨てになる
}

int main(void) {
    double d;
    int y;

    printf("1ドルは何円? ");
    scanf("%lf", &jpy_usd);  // 外部変数に為替レートを読み込む
    printf("何ドル? ");
    scanf("%lf", &d);
    y = usd_to_jpy(d);       // USDをJPYに両替
    printf("%.2fドルは%d円になります\n", d, y);
    return 0;
}
```

解 説

ドルを円に変換する関数（7行目）は，引数（ドル）を double 型とし，戻り値（円）は1円未満を切り捨てるため int 型としました。外部変数は関数の外で宣言します（3行目）。こうすると，宣言以降にあるすべての関数でこの変数が使えます（8, 16行目）。外部変数はプログラム実行中ずっと存在し，8行目の jpy_usd と 16 行目の jpy_usd は同一の変数領域を表します。

ポイント

☞ 外部変数はプログラム内のどこからでもアクセスできる。
☞ 外部変数の生存期間はプログラム実行の全体（実行開始から終了まで）である。

発 展

例題 8.1 のプログラムに，円をドルに変換する関数を追加せよ。ドルから円への計算に用いるのと同じ外部変数を参照して計算を行い，結果の1セント以下は切り捨てとする。その関数を使って，以下のように双方向の両替ができるプログラムとせよ。

```
$ ./a.out ↵
1ドルは何円? 104.41 ↵
ドル→円[1] 円→ドル[2] 終了[0]? 1 ↵
何ドル? 298.49 ↵
298.49ドルは31165円になります
ドル→円[1] 円→ドル[2] 終了[0]? 2 ↵
何円? 10000 ↵
10000円は95.77ドルになります
ドル→円[1] 円→ドル[2] 終了[0]? 0 ↵
よい旅を！
$
```

▶ 8.2 ブロック有効範囲の静的変数 —— 貯金箱プログラム ◀

例題 8.2 貯金箱を以下のようにシミュレートするプログラムを作成せよ。金額を入力するたびにその額を貯金額に足して表示する。現在の貯金額を静的変数として保持し，呼び出されると引数の値を貯金額に加え，更新後の貯金額を返す関数 int deposit(int) を作って用いよ。キーボードから金額として 0 を入れたら終了とする。

```
$ ./a.out ↵
入れる金額? 200 ↵
貯金額 200円
入れる金額? 500 ↵
貯金額 700円
入れる金額? 0 ↵
空けます
$
```

考え方

関数 deposit 本体の中で **static** 付きで変数を宣言すると，有効範囲が deposit の本体のみで，生存期間がプログラム実行開始から終了までであるような**静的変数**ができます。

解答例

―― プログラム 8-2 ――
```
1    #include <stdio.h>
2
3    int deposit(int amount) {
4        static int balance = 0;   // 貯金額を保持する静的変数；初期化は実行開始時のみ
5
6        balance += amount;
7        return balance;
```

8.2 ブロック有効範囲の静的変数 —— 貯金箱プログラム

```
 8    }
 9
10   int main(void) {
11       int money;
12
13       for (;;) {
14           printf("入れる金額? ");
15           scanf("%d", &money);
16           if (money == 0)
17               break;
18           printf("貯金額 %d円\n", deposit(money));
19       }
20       return 0;
21   }
```

解　説

貯金額を保持する静的変数 balance を宣言しました（4 行目）。生存期間はプログラム実行の全体です。4 行目の = 0 は**初期化**であり，領域確保時つまりプログラム実行開始時に一度だけ行われます。main から deposit を呼び出して金額を追加（6 行目）して main に戻り，次に deposit を呼んだときには，最後に入れた値が balance に入っています。deposit から戻っても balance の領域が有効だからです。ただし自動変数と同じく，balance という名前でこの変数を使えるのは deposit 本体ブロックの中だけです（**ブロック有効範囲**）。

ポイント

☞　静的変数の生存期間は，外部変数と同じくプログラム実行開始から終了までである。
☞　ブロック内で宣言された静的変数の有効範囲はそのブロック内である。

発　展

交通信号の状態（赤，黄，緑のいずれか）を保持する静的変数を 1 つ持ち，呼び出されると信号を次の状態に変化させて表示する関数 void sign(void) を作り，それを使って信号の状態変化をコマンド行で指定された回数分表示するプログラムを作成せよ。緑の後に 5 秒，黄の後に 1 秒，赤の後に 3 秒，実行を停止すると本物の信号機らしくてよいだろう。ライブラリ関数 sleep を sleep(n); のように呼び出すと（n は整数）そこで実行が n 秒間停止する。これは UNIX 系の処理系の機能で，ヘッダ unistd.h が必要である。

```
$ ./a.out 4↵
緑
黄
赤
緑
$
```

8.3 ソースファイルの分割と外部参照 —— 消費税計算プログラム

例題 8.3 コマンド行引数で消費税率（実数，パーセント）を指定し，キーボードから商品価格を入力すると，税額と税込金額を表示するプログラムを作成せよ．ただし，消費税率は外部変数に格納し，商品価格 price に対する消費税の額を返す関数 `int calctax(int price)` を main 関数とは別のソースファイルに定義して用いること．

```
$ ./a.out 6.5
商品の価格? 1200
消費税78円，税込金額1278円
$
```

考え方

.c ソースファイルを 2 つ作り，一方に main 関数を定義し，他方で calctax を定義します．どちらも消費税率を使うので，双方からアクセスできるよう外部変数を適切に宣言しましょう．コマンド行引数で与えられる消費税率を double 型の数値にするにはライブラリ関数 `double atof(char *)` が使えます．ヘッダ stdlib.h が必要です．

なお，複数の.c ソースファイルをコンパイルするには，UNIX 系環境ではおよそ以下のようにします．コマンド名は cc，ソースファイル名は main.c と tax.c としました．

```
$ cc main.c tax.c
```

解答例

プログラム 8-3 (main.c)

```
 1  #include <stdio.h>
 2  #include <stdlib.h>
 3
 4  double rate;                    // 消費税率[%]
 5  int calctax(int);               // 別ファイルにある関数を呼ぶための関数プロトタイプ
 6
 7  int main(int argc, char **argv) {
 8      int price, tax;
 9
10      rate = atof(argv[1]);       // 税率をコマンド行引数から得る
11      printf("商品の価格? ");
12      scanf("%d", &price);
13      tax = calctax(price);       // 別ファイルにある関数を呼び出す
14      printf("消費税%d円，税込金額%d円\n", tax, price+tax);
15      return 0;
16  }
```

8.3 ソースファイルの分割と外部参照 —— 消費税計算プログラム

プログラム 8-3 (tax.c)

```
1   extern double rate;              // 別ファイルに定義宣言された外部変数を参照する
2
3   int calctax(int price) {
4       return price * rate / 100;   // rateはパーセント
5   }
```

解 説

main 関数はファイル main.c に，関数 calctax はファイル tax.c に定義しました。税率を入れる外部変数名は rate として main.c で定義し（main.c 4 行目），tax.c から参照できるように **extern** を使って宣言しました（tax.c 1 行目）。**外部変数**宣言の扱いは処理系によって違いますが，どこか 1 つのファイルで**定義宣言**（extern なしの宣言）を行い，他のファイルでは**参照宣言**（extern を付けた宣言）を行うとよいでしょう[†]。**初期化**は定義のところで行います。

main から calctax を呼び出す（main.c 13 行目）ので，main.c に calctax の**関数プロトタイプ**を宣言しました（5 行目）。tax.c では printf などを使っていないため，ヘッダ stdio.h の取り込みは省きました。

ポイント

☞ そのソースファイルをコンパイルするのに必要な情報を extern 宣言や関数プロトタイプで与える。

☞ 外部変数は，どこか 1 つのファイルで定義宣言し，他では extern を使って参照宣言するとよい。

発 展

例題 8.3 のプログラムを拡張して，コマンド行でオプション -d が指定された場合には関数 calctax 内で計算の状況（引数，税率，税額）を表示するようにせよ。なお -d が指定されたかどうかは外部変数に保持すること。

```
$ ./a.out 8⏎
商品の価格? 120⏎
消費税9円，税込金額129円
$ ./a.out -d 8⏎
商品の価格? 120⏎
calctax: price=120, rate=8.00, tax=9
消費税9円，税込金額129円
$
```

[†] 文献8) の 4.8.5 節で勧められている方法です。

▶ 8.4 ファイル有効範囲の静的変数 —— 領収書を状差しに刺す ◀

例題 8.4 針に上から伝票を刺す事務用の状差しに，領収書を 1 枚ずつ刺したり抜いたりする動作をプログラムで実現せよ．まず，領収書を 1 枚刺す動作を関数 push，1 枚抜く動作を関数 pop として作成せよ．push(120) とすると 120 円の領収書を刺し，pop() とすると一番上の領収書を抜いてその金額を返す．この 2 つの関数を使って，領収書の抜き刺しが何度でもできるようにせよ．キーボードから金額を入力するとその額の領収書を刺し，0 を入力すると 1 枚抜いて表示する．−1 を入れたら，すべての領収書を順に空になるまで抜いて表示して終了する．

ただし push と pop は，main 関数とは別の .c ファイルにまとめて定義し，状差しにある領収書のデータはそのファイルで静的変数を宣言してそこに格納せよ．

```
$ ./a.out↵
0を入力すると1つ抜き，-1を入力すると全部取り出します
いくらの領収書? 1358↵
いくらの領収書? 800↵
いくらの領収書? 0↵
800円の領収書です
いくらの領収書? 120↵
いくらの領収書? -1↵
120円の領収書
1358円の領収書
お疲れさまでした！
$
```

考 え 方

この状差しのように，先に入れたデータが後に出てくるデータ構造を**スタック**と呼びます．配列を使ってスタックを実現しましょう．スタックのデータは関数 push と pop の両方からアクセスされるので，**ファイル有効範囲**の**静的変数**とします．

解 答 例

―――― プログラム 8-4 (stack.c) ――――
```
1   #include <stdio.h>
2
3   #define NELEMS(a) (sizeof(a)/sizeof(a[0]))
4
5   static int stack[10];        // スタックのデータを保持する配列
6   static int sp = -1;          // スタックポインタ：スタックの「トップ」の添字を持つ
7
```

```c
 8  int push(int item) {
 9      if (sp >= (int)NELEMS(stack)-1) {   // 配列領域が一杯？
10          printf("もう入りません…\n");
11          return -1;
12      } else
13          return stack[++sp] = item;      // itemをスタックに積む
14  }
15
16  int pop(void) {
17      if (sp < 0)                         // データが入ってない？
18          return -1;                      // ならば-1を返す
19      else
20          return stack[sp--];   // トップのデータを返し，スタックポインタを--する
21  }
```

プログラム 8-4 (main.c)

```c
 1  #include <stdio.h>
 2
 3  /* 他のファイルにある関数の関数プロトタイプ */
 4  int push(int);
 5  int pop(void);
 6
 7  int main(void) {
 8      int n;
 9
10      printf("0を入力すると1つ抜き，-1を入力すると全部取り出します\n");
11      for (;;) {
12          printf("いくらの領収書? ");
13          scanf("%d", &n);
14          if (n < 0)                      // 入力が-1なら
15              break;                      // ループを抜ける
16          else if (n == 0) {              // 入力が0なら
17              if ((n = pop()) < 0)        // スタックから取り出し，取り出せないなら
18                  printf("空です\n");      // メッセージを表示する
19              else                                    // 取り出したなら
20                  printf("%d円の領収書です\n", n);      // それを表示する
21          } else                          // 入力が正なら
22              push(n);                    // スタックに入れる
23      }
24      while ((n = pop()) > 0)             // なくなるまでスタックから取り出す
25          printf("%d円の領収書\n", n);
26      printf("お疲れさまでした！\n");
27      return 0;
28  }
```

解説

ファイル stack.c に push と pop を定義し，ファイル main.c に main 関数を定義しました。push と pop を main から呼び出すため，main.c にはそれらの関数プロトタイプを与えました（3〜5 行目）。stack.c には静的変数として，スタックの内容を入れる配列 stack と，スタックに最後に入れたデータの添字を保持する変数（スタックポインタと呼ばれる）sp を宣言しました（5〜6 行目）。このように関数の外で静的変数を定義すると，有効範囲はそこ以降そのファイルの終わりまでになります（外部変数とは異なり，extern を使っても他のファイルからはアクセスできません）。関数 push はスタックが一杯なら −1 を返します（11 行目）。関数 pop はスタックが空なら −1 を返します（18 行目）。

stack.c の 9 行目にある**キャスト**（int）は大事です。マクロ NELEMS の値は sizeof 演算の結果（3 行目）で，その型は size_t という**符号なし**整数型です。それを**符号付き**である int 型の sp と比較すると正しい結果が得られないことがあります。そこで符号付きに揃えるためにキャストしました。

ポイント

☞ データを同じファイルにある複数の関数で共有し，他のファイルにある関数からアクセスできないようにするには，ファイル有効範囲の静的変数として宣言する。

発展

プログラム 8-4 の stack.c に，いま状差しにある領収書の一覧を表示する関数 void show(void) を追加し，その機能を以下のようにユーザが使えるようにせよ。

```
$ ./a.out
0で表示，-1で1つ取り出し，-2で終了
いくらの領収書? 200
いくらの領収書? 320
いくらの領収書? 0
領収書: 320 200
いくらの領収書? -1
320円の領収書です
いくらの領収書? 1180
いくらの領収書? 0
領収書: 1180 200
いくらの領収書? -2
1180円の領収書
200円の領収書
お疲れさまでした！
$
```

▶ 8.5 ヘッダファイルを作る —— 蔵書管理プログラム ◀

例題 8.5 本棚の本を管理する以下のようなプログラムを作成せよ。本の題名と値段を 1 つずつキーボードから入力する。題名としてピリオド（.）が入力されたら入力を終了し，一覧を表示する。後は題名が入力されるたびに，その題名の本の情報を表示する。題名にピリオドだけが入力されたらプログラムを終了する。

```
$ ./a.out
#0 題名: A Tale of Two Football Clubs
#0 値段: 797
#1 題名: The Book of Matcha
```

8.5 ヘッダファイルを作る —— 蔵書管理プログラム

```
#1 値段: 454↵
#2 題名: Martial Art Online 1↵
#2 値段: 1262↵
#3 題名: .↵
「A Tale of Two Football Clubs」797円
「The Book of Matcha」454円
「Martial Art Online 1」1262円
探す本? The Book of Matcha↵
見つかりました。「The Book of Matcha」454円です
探す本? Sumo Art Online 2↵
見つかりません…
探す本? .↵
お疲れさまでした！
$
```

このプログラムを構成するソースファイルの1つ main.c を以下のようにする。他に必要なソースファイルを加えてプログラムを完成させよ。

プログラム 8-5 (main.c)

```c
#include <stdio.h>
#include "myheader.h"      // 共通の宣言を取り込む

/* 外部変数の定義宣言 */
int nbooks;                // 入力された本の冊数
char *books[MAXBOOKS];     // 題名を保持する文字列ベクタ
int prices[MAXBOOKS];      // 値段を保持する配列

int main(void) {
    read_books();          // 本の情報を外部変数に読み込む

    /* 一覧を表示 */
    for (int i = 0; i < nbooks; i++)
        printf("「%s」 %d円\n", books[i], prices[i]);
    /* 本の検索モードへ */
    search_books();
    printf("お疲れさまでした！\n");
    return 0;
}
```

考　え　方

main 関数は，本の情報を外部変数に読み込む関数 read_books と，題名で本を検索する関数 search_books を呼び出します（10，16 行目）。これらを定義する .c ファイルを作りましょう。main.c には myheader.h が #include **指令**で取り込まれています（2 行目）。関数プロトタイプなど，共通に必要な宣言を入れたファイル myheader.h を作りましょう[†]。

文字列比較にはライブラリ関数 int strcmp(char *p, char *q) を使いましょう。文字列 p と q を辞書順で比較し，p のほうが前なら負の値，p と q が等しければ 0，p のほうが後なら正の値を返します。ヘッダ string.h が必要です。

[†] 一般に CLI の場合，コンパイルコマンドに .h ファイルを指定する必要はありません。例えばファイルが main.c, sub.c, myheader.h の 3 つなら，通常「`cc main.c sub.c`」などとしてコンパイルします。

解 答 例

―― プログラム 8-5 (myheader.h) ――
```
 1  enum {
 2      MAXBOOKS = 50,     // 保持する最大の冊数
 3      TITLESIZE = 100    // 題名を入れる文字列領域の大きさ
 4  };
 5
 6  /* 外部変数の参照宣言 */
 7  extern int nbooks;
 8  extern char *books[MAXBOOKS];
 9  extern int prices[MAXBOOKS];
10
11  /* 関数プロトタイプ */
12  void read_books(void);
13  void search_books(void);
```

―― プログラム 8-5 (sub.c) ――
```
 1  #include <stdio.h>
 2  #include <stdlib.h>
 3  #include <string.h>
 4  #include "myheader.h"                          // 共通の宣言を取り込む
 5
 6  /* 1行読み込む共通処理 */
 7  static void get_line(char *p, int size) {
 8      do {
 9          fgets(p, size, stdin);
10      } while (*p == '\n');                      // 改行だけの行は捨てる
11      while (*p) {
12          if (*p == '\n') {                      // 改行文字があれば
13              *p = '\0';                         // 空文字で上書きして取り除く
14              break;
15          }
16          p++;
17      }
18  }
19
20  /* 本の情報を外部変数に読み込む */
21  void read_books(void) {
22      char *p;
23
24      nbooks = 0;
25      for (;;) {
26          if ((p = malloc(TITLESIZE)) == NULL) {    // 題名の領域を確保
27              perror("malloc");
28              break;
29          }
30          printf("#%d 題名: ", nbooks);
31          get_line(p, TITLESIZE);                // 題名をキーボードから読み込む
32          if (p[0] == '.' && p[1] == '\0') {     // 入力が.だけなら
33              free(p);                           // 確保した領域を解放して
34              return;                            // 読み込みを終了
35          }
36          books[nbooks] = p;                     // 題名を入れた文字列を配列に追加
37          printf("#%d 値段: ", nbooks);
38          scanf("%d", &prices[nbooks]);          // 値段を読み込む
39          nbooks++;                              // 1冊読み込んだのでインクリメント
40      }
41  }
42
43  void search_books(void) {
44      char buf[TITLESIZE];
45      int i;
46
```

```
47      for (;;) {
48          printf("探す本? ");
49          get_line(buf, TITLESIZE);              // 探す本の題名をキーボードから読む
50          if (buf[0] == '.' && buf[1] == '\0')   // 入力が.なら
51              return;                            // 戻る
52          for (i = 0; i < nbooks; i++) {         // 保持しているデータから
53              if (strcmp(buf, books[i]) == 0)    // その題名の本を探す
54                  break;                         // 見つかったらbreak
55          }
56          if (i < nbooks)                        // ループ条件が成り立っているならbreakしてきた
57              printf("見つかりました。「%s」%d円です\n", books[i], prices[i]);
58          else                                   // ループを回りきった
59              printf("見つかりません…\n");
60      }
61  }
```

解説

.hファイルには，プログラム全体で共通の宣言と，複数のソースファイルを最終的に**結合（リンク）**するのに必要な宣言を入れます。具体的にはマクロ定義や，列挙定数や構造体などの型の宣言（myheader.hの1～4行目），外部変数の参照宣言（extern付きの宣言，6～9行目），関数プロトタイプ（11～13行目），共通で使う標準ヘッダの取り込みなどです。main.cには外部変数の定義があり（4～7行目），myheader.hを取り込むので参照宣言もあります（myheader.hの6～9行目）が，このような重複は問題ありません。

2つの関数read_booksとsearch_booksをソースファイルsub.cに定義し（21, 43行目），それらが共通で用いるキーボードからの1行入力処理も関数get_lineとして定義しました（7行目）。read_booksとsearch_booksの関数プロトタイプをmyheader.hに宣言し（11～13行目），main関数から呼び出すのでmain.cで取り込んでいます（2行目）。get_lineはmain.cから呼び出さないため，**static**を付けて**ファイル有効範囲**とし（sub.cの7行目），sub.c内からだけ呼び出せるようにしました。get_lineが改行のみの行を捨てるのは（10行目），scanfが整数を読み取った後に入力に残す改行文字を捨てるためです。

ポイント

☞ 共通の宣言（マクロ定義，型宣言，外部変数の参照宣言，関数プロトタイプなど）は.hファイルに入れて，各.cファイルで取り込むとよい。

発展

プログラム8-5は，main関数で本の一覧を表示（main.cの12～14行目）しているが，この処理を関数read_booksに移せば，main.cでは本の情報にアクセスする必要がなくなるため，本の情報を格納する外部変数はすべてsub.c内のファイル有効範囲の静的変数にできる。そのようにプログラムを書き換えよ。

9 構造体

　構造体はいくつかのデータをまとめて扱うためのデータ構造です。個々のデータを**メンバ**と呼びます。以下のように宣言すると struct student という構造体の型ができます。student を**タグ**といいます。id と name がメンバです。

```
struct student {
  int id;
  char name[100];
};
```

この宣言以降で struct student x; と宣言すると，x がこの一揃いの情報を持つ構造体型の変数となり，x.id や x.name として各メンバが変数のように使えます。構造体へのポインタ型の変数を struct student *p; と宣言し，p = &x とすれば，x のメンバに p->id や p->name でアクセスできます。構造体はポインタを用いて扱うことが多いため，この記法は便利です。

　構造体は配列と同様に，複数のデータが集まった型ですが，配列と違ってその全体を代入したり，関数の引数や戻り値として受け渡すことができます。ただし，== や != による比較はできないので注意しましょう。

▶ 9.1　構造体の宣言 ── 従業員情報を格納する ◀

例題 9.1　従業員の情報を格納する構造体 struct employee 型を作り，その型の変数を宣言して，各メンバに適当なデータを代入などで入れてから，すべてのメンバの値を表示するプログラムを作成せよ。従業員の情報は以下のものとする。

- 氏と名（別々の文字列として）
- 生年月日の年，月，日（別々の整数として）
- 時給

```
$ ./a.out ↵
氏名：Ninomiya Takayuki
生年月日：2017年3月15日
時給 900円
$
```

考　え　方

　構造体を使うには，その型を宣言してから変数を宣言します。文字列は代入ができないので，ライブラリ関数 char *strcpy(char *dst, char *src) を使ってコピーしましょう。src が指す文字列を dst が指す領域にコピーします。ヘッダ string.h が必要です。

解　答　例

――― プログラム 9-1 ―――

```
 1  #include <stdio.h>
 2  #include <string.h>
 3
 4  /* 構造体型の宣言 */
 5  struct employee {
 6      char family_name[25], first_name[25];
 7      int birth_year, birth_month, birth_day;
 8      int salary;
 9  };
10
11  int main(void) {
12      struct employee x;    // 構造体変数の宣言
13
14      strcpy(x.family_name, "Ninomiya");
15      strcpy(x.first_name, "Takayuki");
16      x.birth_year = 2017;
17      x.birth_month = 3;
18      x.birth_day = 15;
19      x.salary = 900;
20
21      printf("氏名：%s %s\n", x.family_name, x.first_name);
22      printf("生年月日：%d年%d月%d日\n", x.birth_year, x.birth_month, x.birth_day);
23      printf("時給 %d円\n", x.salary);
24      return 0;
25  }
```

解　説

　構造体型は普通，ファイルの先頭のほうで宣言します（4〜9 行目）。このように構造体の型を宣言すれば，その型の変数を struct employee x; などとして作れます（12 行目）。構造体変数が持つメンバには．**演算子**を使って《変数名》．《メンバ名》でアクセスします。各メンバは変数と同じように使えます。例えば x.salary は int 型の変数のように（19，23 行目），x.family_name は char の配列のように扱えます（14，21 行目）。

ポ　イ　ン　ト

☞　構造体型はソースファイルの先頭のほうで宣言する。
☞　構造体変数のメンバは普通の変数のように扱える。

発展

例題 9.1 の struct employee 型の変数に，キーボードから入力された情報を格納してから，格納された情報をすべて表示するプログラムを作成せよ。

```
$ ./a.out↵
氏? Kawakami↵
名? Shinji↵
生年月日[年 月 日]? 2010 12 4↵
時給? 1000↵
氏名：Kawakami Shinji
生年月日：2010年12月4日
時給 1000円
$
```

▶ 9.2 構造体の初期化と代入 —— プリペイドカードを発行する ◀

例題 9.2 以下のようにプリペイドカードのデータを生成するプログラムを作成せよ。各カードには，名称「C-Preca」，有効期限 2030 年末，金額 1000 円，カードの通し番号として ID，利用時に使う秘密のコードを情報として与える。秘密のコードは 4 桁のランダムな整数とする。これらの情報を構造体 struct preca 型として表す。3 枚のカードの情報を作って struct preca 型の変数 x, y, z に入れ，それらを表示せよ。

```
$ ./a.out↵
C-Preca #1: 1000円, 有効期限2030/12/31, コード1916
C-Preca #2: 1000円, 有効期限2030/12/31, コード2076
C-Preca #3: 1000円, 有効期限2030/12/31, コード4406
$
```

考え方

共通のデータを持つ構造体変数を初期化で作り，その情報を変数 x などにコピーした後で，カード個別のデータ（ID とコード）を設定するとよいでしょう。

解 答 例

―― プログラム 9-2 ――
```
1  #include <stdio.h>
2  #include <stdlib.h>
3  #include <time.h>
```

```
 4
 5   struct preca {
 6       char name[100];          // プリカ名
 7       int year, month, day;    // 有効期限
 8       int price, id, secret;   // 値段, カードID, コード
 9   };
10
11   int main(void) {
12       struct preca template = {"C-Preca", 2030, 12, 31, 1000, 0, 0};
13       struct preca x, y, z;
14
15       srand(time(0));          // 擬似乱数の種を適当に与える
16       x = template;
17       x.id = 1;
18       x.secret = rand() % 10000;
19       printf("%s #%d: %d円, 有効期限%4d/%02d/%02d, コード%04d\n",
20         x.name, x.id, x.price, x.year, x.month, x.day, x.secret);
21       y = template;
22       y.id = 2;
23       y.secret = rand() % 10000;
24       printf("%s #%d: %d円, 有効期限%4d/%02d/%02d, コード%04d\n",
25           y.name, y.id, y.price, y.year, y.month, y.day, y.secret);
26       z = template;
27       z.id = 3;
28       z.secret = rand() % 10000;
29       printf("%s #%d: %d円, 有効期限%4d/%02d/%02d, コード%04d\n",
30           z.name, z.id, z.price, z.year, z.month, z.day, z.secret);
31       return 0;
32   }
```

解説

構造体の初期化は，メンバの初期値を {} の中に順に並べて行います（12行目）。共通のデータを持つ変数 template をこの初期化で作り，それを変数 x に代入（16行目）してから，IDとコードを設定します（17〜18行目）。構造体の代入では各メンバの値が代入先にコピーされます。y, z についても同様にします。

ポイント

☞ 構造体の初期化は {} 内にメンバの初期値を並べて行う。
☞ 構造体変数同士で = を使った代入ができ，各メンバの値が代入先にコピーされる。

発展

以下のようなロールプレイングゲームの試作プログラムを作成せよ。モンスターの情報を構造体 struct monster 型で表す。各モンスターの情報は，名前（文字列），体力を表す数値であるHP（整数），魔力を表す数値であるMP（整数）とする。モンスター2体を表すこの型の変数 m1 と m2 を宣言する。どちらもHPは7，MPは4とし，名前はそれぞれキーボードから入力し，両モンスターの情報を表示せよ。

```
$ ./a.out⏎
モンスター#1の名前? gnome⏎
モンスター#2の名前? kobold⏎
モンスター名: gnome HP=7 MP=4
モンスター名: kobold HP=7 MP=4
$
```

▶ 9.3 構造体の入れ子 —— 日付を構造体で表現する ◀

例題 9.3 年月日の3つのメンバを持つ struct date 型を作り，例題 9.2 で作った struct preca 型が持つ有効期限を表す3つのメンバを1つの struct date 型のメンバで置き換えることで新たな struct preca 型を作って，それを用いてプリペイドカード5枚の情報を作って表示するプログラムを作成せよ．なお，struct preca 型の構造体変数に一度情報を作って表示したら，その変数の内容は保持しなくてよい．

```
$ ./a.out⏎
C-Preca #1: 1000円，有効期限2030/12/31，コード0713
C-Preca #2: 1000円，有効期限2030/12/31，コード2247
C-Preca #3: 1000円，有効期限2030/12/31，コード6734
C-Preca #4: 1000円，有効期限2030/12/31，コード7132
C-Preca #5: 1000円，有効期限2030/12/31，コード5207
$
```

考え方

構造体には，他の構造体型のメンバを持たせることができます．struct date 型を作り，その型のメンバを struct preca 型に入れましょう．カード情報を表示したら変数の内容を変えてもよいので，1つの struct preca 型の変数をループで使い回せます．

解答例

── プログラム 9-3 ──
```c
1   #include <stdio.h>
2   #include <stdlib.h>
3   #include <time.h>
4
5   struct date {
6       int year, month, day;
7   };
8
9   struct preca {
10      char name[100];         // プリカ名
```

```
11        struct date exp;        // 有効期限（expire＝期限切れ）
12        int price, id, secret;  // 値段，カードID，コード
13   };
14
15   int main(void) {
16        struct preca x = {"C-Preca", {2030, 12, 31}, 1000, 0, 0};
17
18        srand(time(0));
19        for (int i = 1; i <= 5; i++) {
20            x.id = i;
21            x.secret = rand() % 10000;
22            printf("%s #%d: %d円，有効期限%4d/%02d/%02d，コード%04d\n",
23                x.name, x.id, x.price, x.exp.year, x.exp.month, x.exp.day, x.secret);
24        }
25        return 0;
26   }
```

解　　説

　struct date 型を宣言し（5〜7行目），この型のメンバ exp を struct preca 型に与えました（11行目）。構造体の初期化では {} でくくって初期値並びを指定します（16行目）。変数 x の初期値は {"C-Preca"，《メンバ exp の初期値》，1000，0，0}，さらにメンバ exp が構造体なのでその初期値 {2030，12，31} を入れて16行目のようになります。変数 x が持つメンバ exp のメンバにアクセスするには x.exp.year などとします（23行目）。

　構造体型の宣言と同時に，その型の変数を宣言することもできます。struct《タグ》{《メンバの宣言並び》} x; とすると，struct《タグ》型ができ，さらにその型の変数 x ができます。この形式を使うと，「解答例」の構造体型の宣言（5〜13行目）はまとめて以下のように書けます。これで struct preca 型と struct date 型の両方が宣言されます。

```
struct preca {
    char name[100];
    struct date {
        int year, month, date;
    } exp;
    int price, id, secret;
};
```

ポ　イ　ン　ト

☞　構造体の中に，別の構造体型を持つメンバを入れることができる。

☞　入れ子になった構造体を初期化するときには，それに合わせて {} を入れ子にする。

発　　展

　9.2節の「発展」で作った struct monster 型に，そのモンスターが持つ特殊攻撃の情報を表す次のような struct skillset 型のメンバを追加せよ。struct skillset 型は整数メンバ

150   9. 構造体

を 3 つ持ち，それぞれ毒，眠り，マヒという特殊攻撃を持つかどうかを 1（持つ）か 0（持たない）で表す。この struct monster 型の変数を適当な数だけ宣言し，適当に初期化して，それらの内容を表示するプログラムを作成せよ。

```
$ ./a.out⏎
giant ant: HP=7 MP=0 スキル:
floating eye: HP=12 MP=0 スキル: マヒ
homunculus: HP=16 MP=0 スキル: どく ねむり
$
```

▶ 9.4 構造体の配列 —— 複数のプリペイドカードを発行する ◀

例題 9.4 例題 9.3 で作った struct preca 型を要素とする適当な大きさの配列を用意し，キーボードから整数値を読み取って，その枚数のプリペイドカードの情報を作って配列に入れ，それらを表示するプログラムを作成せよ。

```
$ ./a.out⏎
発行するカードの枚数? 5⏎
C-Preca #1: 1000円 有効期限2030/12/31 コード8347
C-Preca #2: 1000円 有効期限2030/12/31 コード5780
C-Preca #3: 1000円 有効期限2030/12/31 コード8380
C-Preca #4: 1000円 有効期限2030/12/31 コード6356
C-Preca #5: 1000円 有効期限2030/12/31 コード2367
$
```

考 え 方

構造体の配列を宣言するには struct preca a[《要素数》]; などとします。各要素のメンバにアクセスするには a[0].id のようにします。

解 答 例

───────── プログラム 9-4 ─────────
```
1   #include <stdio.h>
2   #include <stdlib.h>
3   #include <time.h>
4
5   struct preca {
6       char name[100];                    // プリカ名
7       struct date {
8           int year, month, day;
9       } exp;                             // 有効期限
```

```
10      int price, id, secret;                    // 値段，カードID，コード
11  };
12
13  int main(void) {
14      struct preca cards[100];
15      struct preca template = {"C-Preca", {2030, 12, 31}, 1000, 0, 0};
16      int i, n;
17
18      srand(time(0));                            // 擬似乱数発生器に種を与える
19      printf("発行するカードの枚数? ");
20      scanf("%d", &n);
21      for (i = 0; i < n; i++) {
22          cards[i] = template;                   // 共通部分は代入で入れる
23          cards[i].id = i + 1;                   // カードIDは1からとする
24          cards[i].secret = rand() % 10000;      // 0000～9999を生成
25      }
26      for (i = 0; i < n; i++) {
27          printf("%s #%d: %d円 有効期限%04d/%02d/%02d コード%04d\n",
28              cards[i].name, cards[i].id, cards[i].price,
29              cards[i].exp.year, cards[i].exp.month, cards[i].exp.day,
30              cards[i].secret);
31      }
32      return 0;
33  }
```

解説

struct preca 型の配列 cards を宣言しました（14行目）。それぞれの要素には cards[i] などとしてアクセスできます（22行目）。そのメンバには cards[i].id のようにアクセスします（23行目など）。

ポイント

☞ 構造体を要素とする配列を作ることができる。

発展

9.3節の「発展」で作った struct monster 型を使って，モンスターの種類をいくつか用意し，実行するとランダムな数のモンスターをランダムに生成して配列に入れた後，それらを表示するプログラムを作成せよ。💡ヒント モンスターの種類も構造体の配列とし，初期化で用意するとよい。生成するモンスター数には適当な上限を設定しよう。

```
$ ./a.out⏎
nymphが あらわれた！ (HP=12 MP=10 ねむり)
konaki jijiiが あらわれた！ (HP=5 MP=0)
dragonが あらわれた！ (HP=100 MP=20)
nymphが あらわれた！ (HP=12 MP=10 ねむり)
poison zombieが あらわれた！ (HP=20 MP=0 どく)
$
```

9.5 構造体へのポインタ（1）── 関数に構造体のデータを渡す

例題 9.5 学生番号と氏名のメンバを持つ構造体 struct student 型を宣言し，その型の変数へのポインタを渡されたらその内容を表示する関数 show_student を作成せよ．そしてこの関数を使って，適当に初期化した struct student 型の変数の内容を表示するプログラムを作成せよ．

```
$ ./a.out⏎
学生番号1100 氏名: Kawahara Hinata
$
```

考え方

struct student へのポインタ型の変数は `struct student *p;` と宣言できます．構造体型の変数 x についても，他の型と同様，&x という式で x へのポインタが得られます．

解答例

───── プログラム 9-5 ─────
```c
 1  #include <stdio.h>
 2
 3  struct student {
 4      int id;
 5      char name[100];
 6  };
 7
 8  void show_student(struct student *);
 9
10  void show_student(struct student *p) {
11      printf("学生番号%d 氏名: %s\n", p->id, p->name);
12  }
13
14  int main(void) {
15      struct student x = {1100, "Kawahara Hinata"};
16
17      show_student(&x);  // xへのポインタを引数として渡す
18      return 0;
19  }
```

解説

引数として struct student へのポインタを受け取るように，関数 show_student の仮引数 p は 10 行目のように宣言しました．この関数を main から 17 行目のように呼び出すと，実引数 &x の値が仮引数 p に渡され，p が x を指すようになります．ポインタ p を

使って x のメンバにアクセスするには p->id などと書きます（11 行目）。(*p).id と書いても同じですが，p->id のほうが便利な記法です。

ポイント

☞ 構造体へのポインタを使ってメンバにアクセスするには -> 演算子を使う。

発展

9.2 節の「発展」で作った struct monster 型を使って，モンスターを攻撃する関数 int hit(struct monster *p, int damage) を作成せよ。hit は第 1 引数にモンスターへのポインタをとり，第 2 引数としてダメージ値を受け取って，モンスターの HP から damage の値を引く。これによってモンスターの HP が 0 以下になったら，モンスターが死んだとして，倒したというメッセージを表示し，戻り値として 0 を返す。残り HP が 1 以上ならモンスターはまだ生きているので，ダメージを与えたというメッセージを表示し，戻り値として残り HP を返す。このような関数 hit を作ったら，main 関数に初期化で適当なモンスターを変数として作り，ループを使ってこのモンスターが倒れるまでダメージを与えるプログラムを作成せよ。ダメージ値は毎回キーボードから読み取ること。

```
$ ./a.out↵
killer beeが あらわれた！
攻撃力? 12↵
killer beeに 12のダメージ！
攻撃力? 15↵
killer beeに 15のダメージ！
攻撃力? 9↵
killer beeを たおした！
$
```

▶ 9.6　構造体へのポインタ（2）── 関数から構造体にデータを返す ◀

例題 9.6　学生番号と氏名の情報を持つ構造体 struct student 型へのポインタを渡すと，キーボードから氏名と学生番号を読み取ってポインタが指す先に入れて戻る関数 read_student を作成し，それを用いて main 関数が持つ struct student 型の変数にデータを入れた後，その内容を表示するプログラムを作成せよ。

```
$ ./a.out↵
氏名? Kawakita Izumi↵
学生番号? 2315↵
```

154 9. 構　造　体

```
学生番号2315 氏名: Kawakita Izumi
$
```

考　え　方

struct student へのポインタを仮引数 p で受け，p が指す先にデータを入れれば，呼び出し側の領域に書き込めます。

解　答　例

──────── プログラム 9-6 ────────
```c
 1  #include <stdio.h>
 2  #include <string.h>
 3
 4  struct student {
 5      int id;
 6      char name[100];
 7  };
 8
 9  void read_student(struct student *);
10
11  void read_student(struct student *p) {
12      char *q;
13
14      printf("氏名? ");
15      fgets(p->name, sizeof(p->name), stdin);
16      /* 改行文字を取り除く */
17      if ((q = strchr(p->name, '\n')) != NULL)
18          *q = '\0';
19      printf("学生番号? ");
20      scanf("%d", &p->id);
21  }
22
23  int main(void) {
24      struct student x;
25
26      read_student(&x);   // xへのポインタを引数として渡す
27      printf("学生番号%d 氏名: %s\n", x.id, x.name);
28      return 0;
29  }
```

解　説

　関数を呼び出して構造体に値を入れたいときには一般に，引数としてポインタを渡します。呼び出しの実引数は &x（26 行目），仮引数の宣言は struct student *p（11 行目）のようになります。p を使ったアクセスには -> 演算子を使います（15〜20 行目）。改行文字を取り除くのにライブラリ関数 char *strchr(char *s, int c) を使いました（17 行目）。strchr は，文字列 s に文字 c が最初に現れる位置へのポインタを返し，s 中に c がなければ空ポインタを返します。ヘッダ string.h が必要です。

ポイント

☞ 関数を呼び出して構造体にデータを設定したい場合は引数としてポインタを渡す。

発　展

9.3 節の「発展」で作った struct monster 型へのポインタを引数として受け取って，それが指す先に，ランダムに生成したモンスター（参考：9.4 節「発展」）の情報を入れる関数 void create_monster(struct monster *p) を作成せよ。この関数を用いて，main 関数に用意した struct monster の配列（要素数は適当でよい）の各要素にモンスターを入れ，それらを表示するプログラムを作成せよ。

```
$ ./a.out↵
ghoul: HP=28 MP=0 skills=0,0,1
homunculus: HP=19 MP=0 skills=0,1,0
imp: HP=33 MP=20 skills=0,0,0
soldier ant: HP=37 MP=0 skills=1,0,0
homunculus: HP=19 MP=0 skills=0,1,0
$
```

▶ 9.7　構造体の値と関数 —— 複素数の計算 ◀

例題 9.7　複素数 $a+bi$（i は虚数単位，a と b は実数）を表す構造体型 struct complex を定義し，この struct complex 型の（ポインタでなく）値を引数として 2 つ受け取ってその和を struct complex 型の値として返す関数 add_complex と，同じく 2 つの struct complex の積を返す関数 mul_complex を作成せよ。これらを用いて，キーボードから複素数を 2 つ読み取りその和と積を計算して表示するプログラムを作成せよ。

```
$ ./a.out↵
複素数x [a+bi]? 2+3i↵
複素数y [a+bi]? 5-2i↵
和 7.0+1.0i
積 16.0+11.0i
$
```

考　え　方

複素数 $x=a+bi$ と $y=c+di$ について，和 $x+y$ と積 xy は以下のようになります。

$$x + y = (a+c) + (b+d)i$$
$$xy = (ac - bd) + (ad + bc)i$$

関数 add_complex と mul_complex は，引数と戻り値として構造体の（ポインタでなく）内容を受け渡すようにします．構造体の代入と同様と考えると分かりやすいでしょう．

解　答　例

―――― プログラム 9-7 ――――

```
1   #include <stdio.h>
2
3   struct complex {
4       double real, imag;        // realが実部，imagが虚部
5   };
6
7   struct complex add_complex(struct complex, struct complex);
8   struct complex mul_complex(struct complex, struct complex);
9
10  struct complex add_complex(struct complex x, struct complex y) {
11      struct complex tmp;       // 結果を入れる一時変数
12
13      tmp.real = x.real + y.real;
14      tmp.imag = x.imag + y.imag;
15      return tmp;               // 一時変数の値（構造体丸ごと1つ）を返す
16  }
17
18  struct complex mul_complex(struct complex x, struct complex y) {
19      struct complex tmp;       // 結果を入れる一時変数
20
21      tmp.real = x.real * y.real - x.imag * y.imag;
22      tmp.imag = x.real * y.imag + x.imag * y.real;
23      return tmp;               // 一時変数の値（構造体丸ごと1つ）を返す
24  }
25
26  int main(void) {
27      struct complex x, y, sum, prod;
28
29      printf("複素数x [a+bi]? ");
30      scanf("%lf%lfi", &x.real, &x.imag);
31      printf("複素数y [a+bi]? ");
32      scanf("%lf%lfi", &y.real, &y.imag);
33      sum = add_complex(x, y);   // 戻ってきた構造体の値（全メンバの値）をsumに代入
34      prod = mul_complex(x, y);  // 同上，prodに代入する
35      printf("和 %.1f%+.1fi\n", sum.real, sum.imag);
36      printf("積 %.1f%+.1fi\n", prod.real, prod.imag);
37      return 0;
38  }
```

解　説

add_complex は struct complex 型の引数を 2 つとり，struct complex 型の値を返します（10 行目）．引数と戻り値どちらの宣言にもポインタを示す * がないことに気をつけて下さい．33 行目の呼び出しで，実引数である main の変数 x と y のすべてのメンバの値が，add_complex の仮引数 x と y（10 行目）の各メンバにコピーされて，本体（11～15 行目）が実行されます．tmp に結果を求め（13～14 行目），その内容が 15 行目の return 文

で main に返され，33 行目の関数呼び出し式 add_complex(x, y) の値となって，それが構造体の代入によって左辺の sum に入ります。

　scanf の入力書式を %lf%lfi としました。2+3i や 5-2i が入力されると，最初の %lf で 2 や 5，次の %lf で +3 や −2 が読み取れます。

　なお複素数を扱う機能（複素数型 _Complex double やヘッダ complex.h など）を持つ C 言語の処理系もあります。そのような処理系では，int 型などの基本的な型と同様に，複素数型の変数を宣言して値を格納したり，複素数型の値について算術演算を行うことができます。

ポイント

☞　構造体そのものを関数の引数と戻り値にできる。

発　展

　分数を約分するプログラムを作った例題 6.2 では分数を 2 つの int 型の変数で表現した。その代わりに，int 型のメンバ 2 つで分数を同様に表現する struct rational 型を宣言し，約分を行う関数 struct rational cancel(struct rational) を作って，例題 6.2 と同じように約分をするプログラムを作成せよ。

```
$ ./a.out↵
分子? 756↵
分母? 360↵
約分すると 21/10
$
```

10 ファイル操作

　プログラム外部のファイルを扱うには**ストリーム**を用います。プログラムでファイルを**オープン**（開く）すると，そのファイルに結び付けられたストリームが作られ，そのストリームを示す FILE * **型**の値が得られます。この値を使ってファイルへの読み書き（入出力）を行います。ファイルへの読み書きが終わったら，ファイルを**クローズ**（閉じる）してストリームを切り離します。これらの操作はライブラリ関数で行います。

　ストリームには**テキストストリーム**と**バイナリストリーム**の 2 種類があり，前者はテキストファイルを，後者はバイナリファイルを扱うのに用います。本書ではテキストストリームを使ってテキストファイルを操作します。テキストストリームは基本的に，ファイルの内容を文字単位か行単位で扱います。

　プログラムの実行開始時には**標準入力**，**標準出力**，**標準エラー出力**という 3 つのテキストストリームがあらかじめ存在して，オープンしなくても使えます。通常，標準入力はキーボード，標準出力と標準エラー出力は画面になっています。

▶ 10.1　文字単位のファイル操作 ── ファイルをコピーする ◀

例題 10.1　ファイルをコピーするプログラムを作成せよ。コピー元ファイル名とコピー先ファイル名はキーボードから読み込む。適当な内容を持つテキストファイルを用意し（input.txt とする），以下のように実行すると，input.txt と同じ内容を持つ新しいファイル output.txt ができるようにせよ。

```
$ ./a.out ↵
コピー元? input.txt ↵
コピー先? output.txt ↵
$
```

考　え　方

　ファイルの内容を 1 文字ずつコピーするのが簡単でしょう。ライブラリ関数 FILE *fopen(char *filename, char *mode) を使って，コピー元ファイルを読み取りモード "r" で**オープン**し，コピー先ファイルを書き込みモード "w" でオープン（すでにあれば内容を空に）して，1 文字入力関数 int fgetc(FILE *stream) と 1 文字出力関数 int fputc(int c, FILE *stream) を使ってコピーします。読み書きが終わったら，オープンしたファイルを int fclose(FILE *stream) で**クローズ**します。

解 答 例

――― プログラム 10-1 ―――
```
1   #include <stdio.h>
2   #include <stdlib.h>
3
4   int main(void) {
5       char src[1024], dst[1024];      // srcがコピー元，dstがコピー先のファイル名
6       FILE *ifp, *ofp;                // コピー元ストリーム，コピー先ストリーム
7       int c;                          // fgetcの戻り値はint型 (EOFが返る)
8
9       printf("コピー元? ");
10      scanf("%s", src);
11      if ((ifp = fopen(src, "r")) == NULL) {  // コピー元を読み取りでオープン
12          perror("fopen");
13          exit(EXIT_FAILURE);
14      }
15      printf("コピー先? ");
16      scanf("%s", dst);
17      if ((ofp = fopen(dst, "w")) == NULL) {  // コピー先を書き込みでオープン
18          perror("fopen");
19          exit(EXIT_FAILURE);
20      }
21      /* 1文字ずつファイルをコピー */
22      while ((c = fgetc(ifp)) != EOF)   // 入力ストリームから1文字ずつ読んで
23          fputc(c, ofp);                // それを出力ストリームに書く
24      fclose(ofp);                      // コピー先ファイルを閉じる
25      fclose(ifp);                      // コピー元ファイルを閉じる
26      return 0;
27  }
```

解 説

コピー元ファイルをオープンして ifp でそのストリームを指し（11〜14行目），コピー先ファイルをオープンして ofp でそのストリームを指します（17〜20行目）。コピー元ファイルが存在しないなどのエラーが起きたら，perror でエラーメッセージを表示して終了します（12〜13，18〜19行目）。両方ともオープンできたら，fgetc と fputc を用いて1文字ずつ内容をコピーします（22〜23行目）。このループは getchar や putchar を使う場合と同様です。読み書きが終わったら fclose でファイルをクローズします（24〜25行目）。

この例題では fopen のエラーだけを扱いましたが，他のライブラリ関数でもエラーが起きる可能性があります（ディスク領域が不足して書き込めない場合に起きる fputc のエラーなど）。実用的なプログラムではそのようなエラーも扱う必要があります。

ポイント

☞ ファイルを扱う基本的な手順は，オープン，読み書き，クローズである。
☞ 入出力で起きるエラーに注意しよう。

発展

例題 10.1 のプログラムを拡張し，ファイルからファイルへのコピーだけでなく，ファイル内容の画面出力（つまり標準出力へのコピー）と，キーボード入力のファイルへの書き込み（標準入力からのコピー）ができるようにせよ。コピー先のファイル名としてマイナス記号1文字（-）を入力したときには，標準出力が指定されたと見なして，コピー元の内容を画面に表示する。例えば以下の内容のファイル input.txt をコピー元に指定し

```
Peter Piper picked a peck of pickled peppers.
A peck of pickled peppers Peter Piper picked.
```

コピー先として - を指定すると以下のように内容が画面に表示されるようにせよ。

```
$ ./a.out↵
コピー元? input.txt↵
コピー先? -↵
Peter Piper picked a peck of pickled peppers.
A peck of pickled peppers Peter Piper picked.
$
```

コピー元のファイル名として - を入力したときには，標準入力が指定されたとして，^D を押すまでキーボード入力を受け付け，その内容をコピー先のファイル名に書き込め。

```
$ ./a.out↵
コピー元? -↵
コピー先? output.txt↵
If Peter Piper picked a peck of pickled peppers,↵
where's the peck of pickled peppers that Peter Piper picked?↵
^D
$ cat output.txt↵ （コピー先ファイルoutput.txtの内容を表示)
If Peter Piper picked a peck of pickled peppers,
where's the peck of pickled peppers that Peter Piper picked?
$
```

ヒント 標準入力も標準出力もストリームであり，プログラム内では stdin および stdout という名前で参照できる。どちらも FILE * 型である。

▶ 10.2 行単位のファイル入力 —— 名簿を読み込む ◀

例題 10.2 各行が《学生番号》,《氏名》となっている以下のような形式の名簿ファイル meibo.txt の内容を，学生番号と氏名をメンバとして持つ構造体 struct student 型

の配列に読み込んでから表示するプログラムを作成せよ．

```
12683,Ayumu Kawaguchi
17224,Mayuri Okazaki
18399,Rin Silva Miura
13520,Seiya Kamamoto
```

```
$ ./a.out ⏎
[12683] Ayumu Kawaguchi
[17224] Mayuri Okazaki
[18399] Rin Silva Miura
[13520] Seiya Kamamoto
$
```

考え方

名簿ファイルの 1 行が 1 項目なので，fgets で 1 行ずつ読み込んで構造体 1 つにデータを入れていきましょう．文字列の操作にはライブラリ関数を利用しましょう．

解答例

―― プログラム 10-2 ――

```c
#include <stdio.h>
#include <stdlib.h>
#include <string.h>

#define MEIBOFILE "meibo.txt"   // 名簿ファイル名
enum {
    NAMESIZE = 55+1,            // 氏名の最大文字数 + 空文字分1バイト
    MEIBOSIZE = 100,            // 名簿の最大人数
    LINEBUFSIZE = 1024,         // ファイルから1行読むバッファの大きさ
};

struct student {
    int id;                     // 学生番号
    char name[NAMESIZE];        // 氏名
};

int read_meibo(struct student *, int);

int read_meibo(struct student *people, int n) {   // nは最大人数
    FILE *fp;                                     // 入力ストリーム
    char buf[LINEBUFSIZE], *p, *name;             // bufは入力バッファ
    int i;

    if ((fp = fopen(MEIBOFILE, "r")) == NULL) {   // 名簿ファイルを開く
        perror("fopen");
        exit(EXIT_FAILURE);
    }
    i = 0;
    while (fgets(buf, sizeof(buf), fp) != NULL) { // 名簿の各行について
        if ((p = strchr(buf, '\n')) != NULL)      // 改行文字を除去し
            *p = '\0';
```

```
32              if ((p = strchr(buf, ',')) == NULL) {        // コンマを探す
33                  fprintf(stderr, "変なデータです：%s\n", buf);
34                  continue;                    // コンマがなければ変な行なので無視
35              }
36              name = p + 1;           // コンマの次からが氏名，ポインタnameで指しておく
37              *p = '\0';                       // コンマを空文字でつぶす；bufが学生番号になる
38              people[i].id = atoi(buf);                    // 構造体に学生番号を入れる
39              strncpy(people[i].name, name, NAMESIZE-1);   // 氏名を入れる
40              people[i].name[NAMESIZE-1] = '\0';           // 長すぎた場合のため
41              if (++i >= n)                                // 最大人数に達したら
42                  break;                                   // ループを終了
43          }
44          fclose(fp);
45          return i;                                        // 読み込んだ項目数を返す
46      }
47
48      int main(void) {
49          struct student people[MEIBOSIZE];    // 名簿データを読み込む配列
50          int n;
51
52          n = read_meibo(people, MEIBOSIZE);   // 名簿を読み込む；読み込んだ項目数をnに
53          for (int i = 0; i < n; i++)
54              printf("[%d] %s\n", people[i].id, people[i].name);  // 各項目を表示
55          return 0;
56      }
```

解説

main 関数（48 行目）では，名簿データを読み込む配列を用意し（49 行目），その先頭へのポインタを渡して関数 read_meibo を呼び出します（52 行目）。read_meibo は名簿ファイルをオープンして（24 行目），fgets でデータを 1 行ずつ読み込みつつ指定された配列にデータを入れていきます（29〜43 行目）。fgets はファイルの終わりに達すると空ポインタを返すので，それを用いてファイルの終わりを判断します（29 行目）。ループ本体の処理では，まず改行文字を取り除き（30〜31 行目），コンマを空文字で上書きして文字列を前後に分けて（32〜37 行目），前の文字列から学生番号を得て（38 行目），後の文字列を氏名とします（39〜40 行目）。ライブラリ関数 char *strncpy(char *dst, char *src, size_t n) は，最大 n バイトを文字列 src から領域 dst にコピーします。これを使って，名簿ファイルにある氏名が長すぎた場合には後ろを切ります。

このプログラムでは入力データにいくつかの制限を設けています。氏名の最大の長さ 55 バイト，名簿の項目数 100，ファイルの 1 行を読み込む文字列領域の大きさ 1024 バイトなどです。このような制限は，6〜10 行目のように列挙定数（あるいはオブジェクト形式マクロ）として名前をつけておくと，制限があることが分かりやすいし，後で変更することも簡単になります[†]。

[†] 最後の列挙定数宣言の直後のコンマ（9 行目）は，行の順序を入れ替えやすいようにつけたもので，このようなコンマを許すのは比較的新しい C 言語の規格です。使っている処理系でエラーとなる場合にはこのコンマを取り除いて下さい。

ポイント

☞ ファイルを1行ずつ読むには while (fgets(…) != NULL) というループを使う。
☞ 入力データの大きさに制限を設ける場合には定数として宣言するとよい。

発展

9.3節の「発展」で作った構造体 struct monster 型を用いて，モンスターの種類を定義する設定ファイルを読み込んでその一覧を表示するプログラムを作成せよ．設定ファイルは以下のような形式で，各行の情報は《モンスター名》,《ファミリー名》,《HP》,《MP》,《毒》,《眠り》,《マヒ》となっているとする．

```
slime,slime,7,0,0,0,0
newt,lizard,8,0,0,0,0
homunculus,minor daemon,19,6,0,1,0
bubble slime,slime,24,0,1,0,0
quasit,minor daemon,36,20,0,0,1
```

```
$ ./a.out monsters.txt⏎ (monster.txtとして用意した設定ファイルを読み込む)
slime (slime): HP=7 MP=0 poison=0 sleep=0 paralysis=0
newt (lizard): HP=8 MP=0 poison=0 sleep=0 paralysis=0
homunculus (minor daemon): HP=19 MP=6 poison=0 sleep=1 paralysis=0
bubble slime (slime): HP=24 MP=0 poison=1 sleep=0 paralysis=0
quasit (minor daemon): HP=36 MP=20 poison=0 sleep=0 paralysis=1
$
```

▶ 10.3 行単位のファイル出力 ── 名簿をソートして書き出す ◀

例題 10.3 例題10.2のプログラムを元に，名簿ファイル meibo.txt を読み込み，学生番号順にソートしてからファイル new_meibo.txt に書き出すプログラムを作成せよ．

```
$ cat meibo.txt⏎ (元の名簿ファイルの内容を表示)
12683,Ayumu Kawaguchi
17224,Mayuri Okazaki
18399,Rin Silva Miura
13520,Seiya Kamamoto
$ ./a.out⏎
$ cat new_meibo.txt⏎ (新しく作られた名簿ファイルの内容を表示)
12683,Ayumu Kawaguchi
13520,Seiya Kamamoto
17224,Mayuri Okazaki
18399,Rin Silva Miura
$
```

考え方

学生番号に基づいて構造体の配列をソートしましょう。出力の1行は「《学生番号》,《氏名》」という書式なので，ストリームを指定できる書式付き出力のライブラリ関数 **fprintf** を使うと便利です。fprintf(《ストリーム》, 《書式》, …) とすると，標準出力の代わりに指定したストリームに printf のように出力します。

解答例

─────── プログラム 10-3 ───────

```
1   #include <stdio.h>
2   #include <stdlib.h>
3   #include <string.h>
4
5   #define MEIBOFILE "meibo.txt"     // 元の名簿ファイル
6   #define OUTFILE "new_meibo.txt"   // 新しく作るファイル名
7   enum {
8       NAMESIZE = 56,                // 氏名メンバのサイズ
9       MEIBOSIZE = 100,              // 名簿の最大人数
10      LINEBUFSIZE = 1024,           // ファイルの1行を読むバッファサイズ
11  };
12
13  struct student {
14      int id;                       // 学生番号
15      char name[NAMESIZE];          // 氏名
16  };
17
18  int read_meibo(struct student *, int);
19  void sort_meibo(struct student *, int);
20  void write_meibo(struct student *, int);
21
22  int read_meibo(struct student *people, int n) {
23      (省略)
24  }
25
26  void sort_meibo(struct student *people, int n) {
27      struct student tmp;                          // 項目入れ替え用の一時変数
28
29      /* バブルソート */
30      for (int i = 0; i < n-1; i++) {
31          for (int j = n-2; j >= i; j--) {
32              if (people[j+1].id < people[j].id) {
33                  tmp = people[j];                 // 構造体の代入で項目を入れ替え
34                  people[j] = people[j+1];
35                  people[j+1] = tmp;
36              }
37          }
38      }
39  }
40
41  void write_meibo(struct student *people, int n) {
42      FILE *fp;                                    // 出力ストリーム
43
44      if ((fp = fopen(OUTFILE, "w")) == NULL) {    // 新しい名簿ファイルをオープン
45          perror("fopen");
46          exit(EXIT_FAILURE);
47      }
48      for (int i = 0; i < n; i++)
49          fprintf(fp, "%d,%s\n", people[i].id, people[i].name);  // 項目を書き出す
50      fclose(fp);                                                 // 作ったファイルをクローズ
```

```
51      }
52
53      int main(void) {
54          struct student people[MEIBOSIZE];   // 名簿データ
55          int n;
56
57          n = read_meibo(people, MEIBOSIZE);  // ファイルから読む；読んだ数をnに
58          sort_meibo(people, n);              // peopleの内容を学生番号順にソート
59          write_meibo(people, n);             // 新しいファイルに書き出す
60          return 0;
61      }
```

解　説

ファイル入力・ソート・ファイル出力の 3 段階で処理を行うので，それぞれを関数 read_meibo, sort_meibo, write_meibo とし，main 関数から順に呼び出します（57〜59 行目）。read_meibo の本体はプログラム 10-2 と同じとして省略しました。

ソートアルゴリズムとしては**バブルソート**を用いました（30〜38 行目）。学生番号を見て大小の判定をし（32 行目），構造体の代入を用いて要素を入れ替えます（33〜35 行目）。

ファイルへの書き出しには「考え方」に示したように fprintf を用いました（49 行目）。1 行出力によく使う **fputs** というライブラリ関数もありますが，ここでは数値を出力するため fprintf が便利です。

ポイント

☞　行単位のファイル出力には fputs や fprintf が利用できる。

発　展

10.2 節の「発展」で作ったプログラムを元に，設定ファイルにあるモンスター種をファミリーごとにまとまるよう並べ替えてからファイルに出力するプログラムを作成せよ。

```
$ cat monsters.txt ↵ （monsters.txtの内容を表示）
slime,slime,7,0,0,0,0
newt,lizard,8,0,0,0,0
homunculus,minor daemon,19,6,0,1,0
bubble slime,slime,24,0,1,0,0
quasit,minor daemon,36,20,0,0,1
$ ./a.out monsters.txt outfile.txt ↵ （作ったプログラムを実行）
$ cat outfile.txt ↵ （新しく作られたファイルを表示）
# lizard family
newt,lizard,8,0,0,0,0
# minor daemon family
homunculus,minor daemon,19,6,0,1,0
quasit,minor daemon,36,20,0,0,1
# slime family
slime,slime,7,0,0,0,0
bubble slime,slime,24,0,1,0,0
$
```

11 データ構造とアルゴリズム

プログラムでデータを扱うには，問題に適した**データ構造**を作る必要があります。データ構造の基本的な構成要素である配列・ポインタ・構造体はC言語の機能に組み込まれています。これらを組み合わせることでさまざまなデータ構造を作ることができます（7.12節の文字列へのポインタの配列など）。この章では，よく使われるデータ構造の1つである**線形リスト**の例題を示します。線形リストは，データを格納した**ノード**が**リンク**という矢印のようなものでつながったデータ構造です。ノードを構造体で表し，リンクをポインタで表して実装します。

問題を解くための手順を**アルゴリズム**といいます。C言語では，使うアルゴリズムをおもにループや再帰を使って実装します。これまでにソートアルゴリズム（5.4節，10.3節）や，整数に関するアルゴリズム（5.5節のエラトステネスのふるい，6.2節のユークリッドの互除法）などを見てきました。この章では，浮動小数点数を使う簡単な**数値計算**と，**再帰呼び出し**を使う例題を示します。

▶ 11.1 線形リスト（1）──駅一覧を作る ◀

例題 11.1 新幹線の駅一覧を線形リストとして作って表示するプログラムを作成せよ。各ノードの領域はmallocで確保し，**表 11.1** に示す駅名と，列車種別「のぞみ」の停車駅か否かの情報を持たせよ。のぞみ停車駅なら1文字目に +，そうでないなら | を表示した後，駅名を表示する。mallocで確保した領域は最後に明示的に解放すること。

表 11.1 東海道新幹線の駅（一部）

駅　名	東京	品川	熱海	静岡	名古屋	米原	京都
のぞみ停車	する	する	しない	しない	する	しない	する

```
$ ./a.out⏎
+ Tokyo
+ Shinagawa
| Atami
| Shizuoka
+ Nagoya
| Maibara
+ Kyoto
$
```

11.1 線形リスト（1）—— 駅一覧を作る

考え方

駅のデータは "1 Tokyo"（のぞみ停車，東京）のような文字列の配列として初期化で用意すると簡単でしょう。**線形リスト**の各**ノード**は構造体とし，格納するデータの他に，**リンク**（次のノードへのポインタ）を保持するメンバを持たせます。構造体型の宣言は以下のようになります。

```
struct station {
    格納するデータ
    struct station *next;   // リンク
};
```

駅のデータを1つ読むごとに，構造体1つ分の領域をmallocで確保し，データを入れて，リストにつなぐ，という処理をします。領域を解放するときには，リストをたどりつつ1つずつ解放します。

解答例

───── プログラム 11-1 ─────
```
 1  #include <stdio.h>
 2  #include <stdlib.h>
 3  #include <string.h>
 4
 5  struct station {
 6      char name[50];                  // 駅名
 7      int express;                    // のぞみ停車駅なら1，そうでないなら0
 8      struct station *next;           // リンク
 9  };
10
11  int main(void) {
12      char *station_info[] = {        // 線形リストを作るためのデータ
13          "1 Tokyo", "1 Shinagawa", "0 Atami", "0 Shizuoka",
14          "1 Nagoya", "0 Maibara", "1 Kyoto", NULL
15      };
16      struct station *head, *tail, *p; // headは線形リストの先頭要素を指す
17      char **sp;  // 文字列へのポインタの配列の要素を1つずつ処理するためのポインタ
18
19      /* 線形リストを作る */
20      head = tail = NULL;                           // まだ何もつないでいない
21      for (sp = station_info; *sp != NULL; sp++) {  // 駅のデータを1つずつ
22          if ((p = malloc(sizeof(struct station))) == NULL) {  // 構造体領域を確保
23              perror("malloc");
24              break;
25          }
26          strcpy(p->name, *sp+2);     // 駅名を入れる
27          p->express = (**sp == '1'); // データ文字列の先頭が'1'ならのぞみ停車駅
28          if (tail)                   // すでに1つ以上リストに入れている
29              tail->next = p;         // 最後の要素の次にpが指す要素をつなぐ
30          else                        // まだ1つもリストに入れていない
31              head = p;               // pを先頭の要素とする
32          tail = p;                   // いまつないだ要素がいまのところ最後の要素
33      }
34      tail->next = NULL;              // 最後の要素のnextに空ポインタを入れる
35
36      /* 路線を表示 */
```

168   11. データ構造とアルゴリズム

```
37      for (p = head; p != NULL; p = p->next)              // 要素1つずつ
38          printf("%c %s\n", p->express ? '+' : '|', p->name);  // 情報を表示
39
40      /* すべてのノードの領域を解放 */
41      while (head) {                      // リストにノードがある間
42          p = head->next;                 // 次の要素へのリンクをとっておいて
43          free(head);                     // 先頭要素の領域を解放し
44          head = p;                       // とっておいたリンクの先を先頭とする
45      }
46      return 0;
47  }
```

解　　説

1つの駅を表すノードとなる struct station 型の構造体は5～9行目のように宣言しました。のぞみ停車駅かどうかは int 型のメンバ express に真偽値として格納します。

駅の情報は，文字列へのポインタの配列として初期化で与え（12～15行目），ループを使って線形リストを作ります（19～34行目）。変数 tail が最後につないだノードを指します。先頭ノードは変数 head に指させ（31行目），続くノードは最後につないだノードの next に指させて（29行目），すべてつなぎ終えたら末尾ノードの next に終わりの印として空ポインタを入れます（34行目）。

ノードを1つずつ処理する繰り返しは37行目のように書きます。p = p->next がリンクをたどる操作で，p に空ポインタが入ったら終了です。領域の解放（40～45行目）でもノードを1つずつ扱うので，37～38行目と同じように

```
for (p = head; p != NULL; p = p->next)
    free(p);
```

と書きたいところですが，これだと free(p) で p が指す領域を解放した後で p = p->next の右辺で p が指す領域にアクセスすることになります。free した領域はその時点で無効になり，正しい値が残っている保証はありません。そこで head->next の値をとっておいてから（42行目），head が指す領域を解放（43行目）しています。

ポイント

☞　線形リストをたどるには for (p = head; p != NULL; p = p->next) と書く。
☞　free した領域を使わないように注意する。

発　　展

例題11.1のプログラムを拡張し，駅の情報を（プログラム内に与えたデータではなく）以下のような形式のファイルから読み取って，同じように動作するようにせよ。ファイル名はプログラム中に文字列リテラルとして与えてよい。

```
1 Tokyo
1 Shinagawa
0 Atami
0 Shizuoka
1 Nagoya
0 Maibara
1 Kyoto
```

11.2 線形リスト（2） —— 駅を探索して情報を表示する

例題 11.2 例題 11.1 のプログラムの動作に加えて，キーボードから駅名を読み取って，その駅がのぞみ停車駅かどうか表示せよ．

```
$ ./a.out ⏎
+ Tokyo
+ Shinagawa
| Atami
| Shizuoka
+ Nagoya
| Maibara
+ Kyoto
駅名? Nagoya ⏎
のぞみ停車駅です
$
```

考え方

ループを使ってノードを先頭から1つずつ見て，指定された駅名のノードを探します．この処理を関数にするとよいでしょう．指定された駅名が見つからない場合にも対処しましょう．その他の処理も，まとめられるものは関数にするとよいでしょう．

解答例

―― プログラム 11-2 ――

```
1   #include <stdio.h>
2   #include <stdlib.h>
3   #include <string.h>
4
5   struct station {
6       char name[50];        // 駅名
7       int express;          // のぞみ停車駅なら1
8       struct station *next; // リンク
9   };
10
11  char *station_info[] = {  // 路線データ
12      "1 Tokyo", "1 Shinagawa", "0 Atami", "0 Shizuoka",
13      "1 Nagoya", "0 Maibara", "1 Kyoto", NULL
```

```
14  };
15
16  struct station *make_line(void);
17  void show_line(struct station *);
18  void free_line(struct station *);
19  struct station *find_station(char *, struct station *);
20
21  /* make_line - 線形リストを作る */
22  struct station *make_line(void) {
23      struct station *head, *tail, *p;
24      char **sp;
25
26      head = tail = NULL;
27      for (sp = station_info; *sp != NULL; sp++) {
28          if ((p = malloc(sizeof(struct station))) == NULL) {
29              perror("malloc");
30              break;
31          }
32          strcpy(p->name, *sp+2);
33          p->express = (**sp == '1');
34          if (tail)
35              tail->next = p;
36          else
37              head = p;
38          tail = p;
39      }
40      tail->next = NULL;
41      return head;         // 先頭要素へのポインタを返す
42  }
43
44  /* show_line - 路線を表示する */
45  void show_line(struct station *head) {
46      struct station *p;
47
48      for (p = head; p != NULL; p = p->next)
49          printf("%c %s\n", p->express ? '+' : '|', p->name);
50  }
51
52  /* free_line - 線形リストを解放する */
53  void free_line(struct station *head) {
54      struct station *p;
55
56      while (head) {
57          p = head->next;
58          free(head);
59          head = p;
60      }
61  }
62
63  /* find_station - 指定された名前の駅を探す（なければNULLを返す） */
64  struct station *find_station(char *name, struct station *head) {
65      struct station *p;
66
67      for (p = head; p != NULL; p = p->next) {    // ノードを1つずつ見る
68          if (strcmp(p->name, name) == 0)         // 駅名が一致したら
69              break;                              // ループを抜ける
70      }
71      return p;   // ループを回り切ったらpはNULL, breakしたなら見つけたノード
72  }
73
74  int main(void) {
75      struct station *head, *p;
76      char name[50];
77
78      head = make_line();                         // 路線を読んで線形リストを作る
79      show_line(head);                            // 路線表示
```

11.2 線形リスト（2）── 駅を探索して情報を表示する

```
80        printf("駅名? ");
81        scanf("%s", name);
82        if ((p = find_station(name, head)) == NULL)    // 駅を探す
83            printf("%sという駅はありません\n", name);
84        else if (p->express)
85            printf("のぞみ停車駅です\n");
86        else
87            printf("のぞみは停まりません\n");
88        free_line(head);                              // 線形リストを解放
89        return 0;
90    }
```

解説

線形リストを作る処理，路線を表示する処理，線形リストを解放する処理を，関数 make_line（22 行目），show_line（45 行目），free_line（53 行目）にまとめました。これらを main 関数から呼び出します（78，79，88 行目）。

入力された名前の駅を探す関数 find_station を作りました（64 行目）。指定された駅が見つかったら，そのノードへのポインタを返し，見つからなければ空ポインタを返します。ノードを 1 つずつ処理するので，67 行目のループは表示処理（48 行目）と同様になります。指定された駅が見つかれば p がそのノードを指した状態で 69 行目で break します。見つからなければループを回り切るので，p は空ポインタになります。その p を結果として返します（71 行目）。

ポイント

☞ 線形リストの探索は，先頭からリンク（ポインタ）をたどることで行う。

発展

例題 11.2 のプログラムを拡張し，探索の条件として，駅名と，のぞみ停車駅かどうか，の 2 つを指定できるようにせよ。指定した条件に合う最初の（一番東京に近い）駅の情報を表示する。駅名として * を指定したらどの駅名にも合うこととする。のぞみ停車駅か否かは 1（停車駅）か 0（停車駅でない）で指定し，2 ならどちらでもよいことにする。

```
$ ./a.out↵
+ Tokyo
+ Shinagawa
| Atami
| Shizuoka
+ Nagoya
| Maibara
+ Kyoto
駅名[無指定なら*]? Nagoya↵
のぞみ停車駅[停車しない0，停車する1，無指定は2]? 2↵
駅名Nagoya，のぞみ停車駅です
$ ./a.out↵
```

```
+ Tokyo
+ Shinagawa
| Atami
| Shizuoka
+ Nagoya
| Maibara
+ Kyoto
駅名[無指定なら*]? Kyoto⏎
のぞみ停車駅[停車しない0，停車する1，無指定は2]? 0⏎
条件に合う駅はありません
$
```

▶ 11.3 線形リスト（3）── 駅を削除する ◀

例題 11.3 例題 11.1 のプログラムに，指定した駅のノードを削除する動作を追加せよ。削除したノードの領域は解放すること。確認のため，free でノードを解放する直前に，それがどの駅の情報か表示せよ。

```
$ ./a.out⏎
+ Tokyo
+ Shinagawa
| Atami
| Shizuoka
+ Nagoya
| Maibara
+ Kyoto
どの駅を削除しますか? Shizuoka⏎
Shizuokaを解放します！
+ Tokyo
+ Shinagawa
| Atami
+ Nagoya
| Maibara
+ Kyoto
$
```

考え方

線形リストは先頭からリンクでつながったデータ構造なので，そのつながりの中になくなったノードは削除されたことになります。ノードを削除するには，そのノードをスキップするようにリンクをつなぎ替えます。削除したノードの領域は解放しましょう。

解答例

関数 make_line, show_line, free_line の定義はプログラム 11-2 と同じとして省略しました。

11.3 線形リスト（3）── 駅を削除する

―― プログラム 11-3 ――

```c
#include <stdio.h>
#include <stdlib.h>
#include <string.h>

struct station {
    char name[50];
    int express;
    struct station *next;
};

char *station_info[] = {
    "1 Tokyo", "1 Shinagawa", "0 Atami", "0 Shizuoka",
    "1 Nagoya", "0 Maibara", "1 Kyoto", NULL
};

struct station *make_line(void);
void show_line(struct station *);
void free_line(struct station *);

 (make_line, show_line, free_lineの定義は省略)

int main(void) {
    struct station *head, *p, *prev;
    char name[50];

    head = make_line();                      // 線形リストを作る
    show_line(head);                         // 路線を表示

    printf("どの駅を削除しますか? ");
    scanf("%s", name);
    prev = NULL;
    for (p = head; p != NULL; p = p->next) { // pで指定された駅を探す
        if (strcmp(p->name, name) == 0)      // 見つけたら
            break;                           // ループを抜ける
        prev = p;                            // 1つ前のノードをprevで指しておく
    }
    if (p == NULL) {
        printf("%sという駅はありません\n", name);
        exit(EXIT_FAILURE);
    }
    /* pが指すノードを削除するには，pの次をprev->nextに指させる */
    if (prev == NULL)                        // pが先頭ノードなら
        head = head->next;                   // pの次のノードを先頭にする
    else                                     // pが先頭ノードでないなら
        prev->next = p->next;                // pの次をprev->nextに指させる
    printf("%sを解放します！\n", p->name);
    free(p);                                 // 削除したノードの領域を開放

    show_line(head);                         // 路線を表示
    free_line(head);                         // 全ノードの領域を解放
    return 0;
}
```

解　　説

ノードが A→B→C とつながっているときに B を削除するには，A.next に C を指させます。こうすると A の次が C になり，B は線形リストから消えます。駅名で B を探して，一致したときの A.next を書き換えるために，変数 p で線形リストをたどりつつ（32〜36 行目）直前のノードへのポインタを変数 prev に覚えておき（35 行目），ループ終了後

にprevが指すノード（Aに相当する）のメンバnextにp->nextの値（Cへのポインタ）を入れます（45行目）。先頭ノードを削除するよう指定されたら，直前のノードというものがなく，prevが（31行目で与えた）NULLのままループを抜けるので（42行目で判定している），先頭の次のノードをheadに指させて先頭ノードを削除します（43行目）。どちらの場合でも，削除したノードをpが指しているので，その領域を解放します（47行目）。

ポイント

☞ 線形リストからノードを削除するには，直前のノードが持つリンクを書き換える。
☞ ノードの領域が動的に確保したものなら，削除後に解放するとよい。

発　　展

例題11.3のプログラムに，指定したノードを削除した後で線形リストの内容を以下のようなテキストファイルとして書き出す動作を加えよ。これはShizuokaを削除した例である。ファイル名は文字列リテラルとしてプログラム中に埋め込んでよい。

```
1 Tokyo
1 Shinagawa
0 Atami
1 Nagoya
0 Maibara
1 Kyoto
```

▶ 11.4　線形リスト（4）── 駅を追加する ◀

例題11.4 例題11.3のプログラムの削除機能の代わりに，駅のノードを新たに追加する機能を与えよ。新しいノードはmallocで確保せよ。

```
$ ./a.out⏎
+ Tokyo
+ Shinagawa
| Atami
| Shizuoka
+ Nagoya
| Maibara
+ Kyoto
どの駅の前に追加しますか? Atami⏎
駅名? Shin-Yokohama⏎
のぞみ停車駅[y/n]? y⏎
+ Tokyo
+ Shinagawa
+ Shin-Yokohama
| Atami
```

```
| Shizuoka
+ Nagoya
| Maibara
+ Kyoto
$
```

考え方

線形リストのA→BとなっているBの位置に新しいノードXを追加するには，ノードXを用意してから，A→X→Bとなるようにリンクをつなぎ替えます．Bの前に挿入するには，Bのノードの直前のノードAが持つリンクA.nextを書き換えるために，削除の場合と同様に直前のノードAを探す処理が必要です．

解答例

関数 make_line, show_line, free_line の定義はプログラム11-2と同じとして省略しました．

―― プログラム 11-4 ――

```c
1   #include <stdio.h>
2   #include <stdlib.h>
3   #include <string.h>
4
5   struct station {
6       char name[50];
7       int express;
8       struct station *next;
9   };
10
11  char *station_info[] = {
12      "1 Tokyo", "1 Shinagawa", "0 Atami", "0 Shizuoka",
13      "1 Nagoya", "0 Maibara", "1 Kyoto", NULL
14  };
15
16  struct station *make_line(void);
17  void show_line(struct station *);
18  void free_line(struct station *);
19
20   (make_line, show_line, free_lineの定義は省略)
21
22  int main(void) {
23      struct station *head, *p, *prev;
24      char name[50], yn[10];
25
26      head = make_line();
27      show_line(head);
28
29      printf("どの駅の前に追加しますか? ");
30      scanf("%s", name);
31      prev = NULL;
32      for (p = head; p != NULL; p = p->next) {  // 指定された駅を探す
33          if (strcmp(p->name, name) == 0)
34              break;
35          prev = p;                              // 直前のノードへのポインタを保持
36      }
37      if (p == NULL) {
```

```
38              printf("%sという駅はありません\n", name);
39              exit(EXIT_FAILURE);
40          }
41
42          /* 新駅のノード領域を確保 */
43          if ((p = malloc(sizeof(struct station))) == NULL) {
44              perror("malloc");
45              exit(EXIT_FAILURE);
46          }
47
48          /* 駅のデータを入力 */
49          printf("駅名? ");
50          scanf("%s", p->name);
51          printf("のぞみ停車駅[y/n]? ");
52          scanf("%s", yn);
53          p->express = (*yn == 'y' || *yn == 'Y');   // yかYなら1，そうでないなら0
54
55          /* リストに入れる */
56          if (prev == NULL) {                         // 見つけた駅が先頭のノードなら
57              p->next = head;                         // そのノードを自分の次につなぐ
58              head = p;                               // 自分を先頭のノードとする
59          } else {                                    // 見つけたのが先頭ではないなら
60              p->next = prev->next;                   // そのノードを自分の次につなぐ
61              prev->next = p;                         // 自分をprevの次につなぐ
62          }
63
64          show_line(head);
65          free_line(head);
66          return 0;
67      }
```

解説

指定されたノードの直前のノードを探す処理（31～36行目）は削除の場合と同様です（プログラム 11-3 参照）。得られたポインタ prev を使ってリンクをつなぎ替えます（60～61 行目）。先頭要素の前に追加する場合には特別扱いが必要です（56～58 行目）。

新しいノードの領域は malloc を使って確保し（43 行目），そこにキーボードから読み取ったデータを入れます（48～53 行目）。この領域も線形リストの一部になるため，free_line の呼び出し（65 行目）で他の要素とともに解放されます。

ポイント

☞ 線形リストにノードを追加するには，新たなノードの領域を用意して，前後とつながるようにリンクをつなぎ替える。

発展

ノードの挿入や削除では，指定したノードの直前のノードにアクセスする必要があるため，プログラム 11-2 のノードを探す関数 find_station はこの用途に使えない。代わりに直前のノードを返す関数を作ると，以下のようにノードの挿入や削除に利用できる。

```
pos = find_position("《駅名》", &head);
```

```
          /* 挿入の場合 */
          struct station *pに領域を確保しデータを設定；
          insert_station(p, pos);
          /* 削除の場合 */
          delete_station(pos);
```

リストの先頭のノードの駅名が指定された場合にも「直前」のノードを返すには，線形リストの先頭を指すポインタ struct station *head の代わりに，struct station head というダミーのノードを用意し，その next に実際の先頭の駅のノードを指させる。この head へのポインタをリストの先頭として find_position に与える。

以上のように find_position と insert_station を作って例題 11.4 のプログラムを書き換えよ。路線の最後にも駅を追加できるようにせよ。

```
$ ./a.out↵
+ Tokyo
+ Shinagawa
| Atami
| Shizuoka
+ Nagoya
| Maibara
+ Kyoto
どの駅の前に追加しますか[.なら末尾]? .↵
駅名? Shin-Osaka↵
のぞみ停車駅[y/n]? y↵
+ Tokyo
+ Shinagawa
| Atami
| Shizuoka
+ Nagoya
| Maibara
+ Kyoto
+ Shin-Osaka
$
```

▶ 11.5 数値計算 —— ルートを求める ◀

例題 11.5 正の数 a を入力すると，$\sqrt{a}$ の近似値を後に示す方法で求め，その値と，その値の 2 乗を表示するプログラムを作成せよ。

```
$ ./a.out↵
ルートいくつ? 5↵
2.2360688956の2乗は5.0000041061
$
```

[$\sqrt{a}$ **を求める（ニュートン法）**]   まず $x_0 = a$ とする。そして x_{n+1} を

11. データ構造とアルゴリズム

$$x_{n+1} = \left(x_n + \frac{a}{x_n}\right)\Big/2$$

で求めることにする．これを続けて，x_0，x_1，x_2，…という列を作ると，x_n の値はどんどん $\sqrt{a}$ に近づいていく．

x_n^2 と a の差の絶対値が 0.000 01 以下になったらその x_n の値を $\sqrt{a}$ の近似値として，上の実行例のように表示せよ．値の表示は小数点以下 10 桁までとする．

考 え 方

繰り返しを使って x_n を計算します．x_0，x_1，…は数列ですが，x_n から x_{n+1} を求めたら x_n の値は不要なので，変数を 1 つ用意して（x とする），求めた最も新しい x_n の値を x に上書きしていけます．x_n^2 と a の差の絶対値（値の違い）が 0.000 01 以下という条件 $|x_n^2 - a| \leq 0.000\,01$ は，$-0.000\,01 \leq x_n^2 - a \leq 0.000\,01$ とも表現できます．

解 答 例

―― プログラム 11-5 ――
```
1   #include <stdio.h>
2   
3   #define EPSILON 0.00001
4   
5   int main(void) {
6       double a, x;
7   
8       printf("ルートいくつ? ");
9       scanf("%lf", &a);
10      x = a;
11      while (x*x-a < -EPSILON || EPSILON < x*x-a)   // |x*x-a| > EPSILONである間
12          x = (x + a / x) / 2;
13      printf("%.10fの2乗は%.10f\n", x, x*x);
14      return 0;
15  }
```

解 説

x_n から x_{n+1} を求める計算は「考え方」に示したやり方で変数 x を使って行っています（12 行目）．0.000 01 にはオブジェクト形式マクロを使って EPSILON（ϵ の意）という名前をつけました（3 行目）†．$|x^2 - a| \leq \epsilon$ になるまで続けるので，ループ条件は $|x^2 - a| > \epsilon$，つまり $x^2 - a < -\epsilon$ または $\epsilon < x^2 - a$ となります（11 行目）．絶対値を求めるライブラリ関数 double fabs(double) を使うと，この条件は fabs(x*x-a) > EPSILON と書けます．ちなみにルートを求めるライブラリ関数もあります（**sqrt** など）．fabs や sqrt を使うにはヘッダ math.h が必要です．

---

† 数学でギリシャ文字の ϵ（イプシロン）は小さい数を表します．

ポイント

☞ 2つの浮動小数点数がほぼ等しいかどうかは，差の絶対値があらかじめ指定した小さい値以下かどうかで判断できる。

発　展

以下に示すような，分母が奇数でプラスマイナスが項ごとに反転する無限に続く和をどんどん計算していくと $\pi/4$ に近づくことが知られている（**ライプニッツの公式**）。

$$\frac{1}{1} - \frac{1}{3} + \frac{1}{5} - \frac{1}{7} + \frac{1}{9} - \frac{1}{11} + \cdots$$

これを利用して円周率 π の近似値を求めるプログラムを作成せよ。ループを使い，n 度目の本体の実行のときに第 n 項までの和 S_n が求まるようにする。S_n と S_{n-1} の差の絶対値が 0.00001 以下になったら，$4S_n$ を π の近似値とし，S_n と $4S_n$ の両方を表示せよ。

```
$ ./a.out↵
0.785403 * 4 = 3.141613
$
```

▶ 11.6　再帰を使う（1）── ハノイの塔を解く ◀

例題 11.6 **ハノイの塔**を解くプログラムを作成せよ。ハノイの塔とは，**図 11.1** のように，3本の杭と，大きさが順に違う N 枚の円盤からなるパズルである。円盤には穴があいていて杭に刺せる。図 11.1 は $N = 3$ （円盤3枚）の例である。

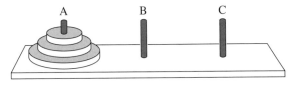

図 11.1 ハノイの塔

一手で円盤を1つだけ，どこかの杭からどこかの杭に移動できる。ただし，杭に円盤を刺すときには，必ず上に乗せる円盤のほうが小さくなければならない。左の杭Aに重なった円盤を，一番右の杭Cにすべて移す手順を求めるのがこのパズルである。

最初の状態で杭Aにある円盤の枚数を入力すると，それらをすべて杭Cに移す手順を以下のように表示せよ。各行には，その一手で動かす円盤の大きさ（最小の円盤を1とする）と，どの杭からどの杭へ動かすかを表示すること。

```
$ ./a.out⏎
円盤の枚数? 3⏎
1: A -> C
2: A -> B
1: C -> B
3: A -> C
1: B -> A
2: B -> C
1: A -> C
$
```

考え方

n 枚の円盤の重なりを杭 A から杭 C に移す作業を

    `hanoi(n, 'A', 'B', 'C')`

という関数呼び出しで表現しましょう。杭 B は作業用の杭です。この作業は，n が 1 なら

    `1: A -> C`

と 1 手で表せます。n が 2 以上なら，まず以下の呼び出しで $(n-1)$ 枚を A から B に移し

    `hanoi(n-1, 'A', 'C', 'B')`

その後，一番下にある 1 枚（大きさ n）を C に移して

    《n の値》: `A -> C`

さっき B に移した $(n-1)$ 枚を以下の呼び出しで C に移すと

    `hanoi(n-1, 'B', 'A', 'C')`

n 枚すべてが移動できます。n 枚を移す処理の中で $(n-1)$ 枚を移す処理を使うので，**再帰呼び出し**（自分自身を呼び出す）となります。

解答例

―― プログラム 11-6 ――

```
 1  #include <stdio.h>
 2
 3  void hanoi(int, char, char, char);
 4
 5  void hanoi(int n, char from, char work, char to) {
 6      if (n == 1)                                    // 移すのが1枚だけなら
 7          printf("%d: %c -> %c\n", n, from, to);     // この1枚をfromからtoに移す
 8      else {                                         // 2枚以上あるなら
 9          hanoi(n-1, from, to, work);                // (n-1)枚をfromからworkに移し
10          printf("%d: %c -> %c\n", n, from, to);     // 最下の1枚をfromからtoに移し
11          hanoi(n-1, work, from, to);                // (n-1)枚をworkからtoに移す
12      }
13  }
14
15  int main(void) {
```

```
16      int n;
17
18      printf("円盤の枚数? ");
19      scanf("%d", &n);
20      hanoi(n, 'A', 'B', 'C');   // A杭からC杭へ移す（B杭は作業用）
21      return 0;
22  }
```

解　説

関数 hanoi が再帰関数です。移す円盤が 1 枚なら from 杭から to 杭に移して戻ります（6〜7 行目）。そうでなければ，上の $(n-1)$ 枚を work 杭に移して（9 行目），一番下（n 枚目）を to 杭に移し（10 行目），さっきの $(n-1)$ 枚を to 杭に移します（11 行目）。hanoi(n-1, …) の呼び出しが再帰呼び出しです（9，11 行目）。再帰関数はこのように，値が小さい場合の処理（ここでは $n=1$）を再帰呼び出しを使わずに書き（7 行目），値が大きい場合の処理を再帰呼び出しを使って書きます（9〜11 行目）。再帰呼び出しのたびに値が小さくなり，いつかは値が小さい場合の処理に行き着くので，無限に呼び出すことはありません。

関数 hanoi の引数 n は移すべき円盤の枚数で，円盤の大きさではないのですが，関数本体の処理の中で，移す円盤の大きさとしてその値を printf で表示しています（7，10 行目）。hanoi(n, …) が呼ばれるときには必ず一番小さい円盤から順に n 枚が重なっていて，その呼び出し自身で移す一番下の円盤の大きさは n なのでこれで大丈夫です。

ポイント

☞　再帰的な処理をするプログラムは，基本的に以下のように作る。
- 1 の場合の処理を書く。
- 1 から $(n-1)$ までの処理ができると仮定して，n についての処理を書く。

発　展

次のような酵母が産生する栄養素の数を，再帰を使って数えるプログラムを作成せよ。この酵母は，分裂によって生まれてから 1 時間経つと，栄養素を 1 つ生成し，自分は 2 つの酵母に分裂する。2 つの酵母はまた 1 時間経つとそれぞれ栄養素を 1 つずつ作って 2 つの酵母に分裂する。

いま 1 つの酵母が生まれたとし，n 時間後までに作られる栄養素の数を求める。引数として n を与えると，その時間までに産生した栄養素の数だけ「*」を表示し（改行はしない），作った栄養素の個数を返すような再帰関数 int yeast(int n) を作り，それを使って以下の実行例のように動作するプログラムを作成せよ。

```
$ ./a.out ↵
時間? 1 ↵
* 1
$ ./a.out ↵
時間? 2 ↵
*** 3
$ ./a.out ↵
時間? 5 ↵
******************************* 31
$
```

▶ 11.7 再帰を使う（2）── フィボナッチ数を求める ◀

例題 11.7 再帰呼び出しを使って，n 番目の**フィボナッチ数** F_n を求めるプログラムを作成せよ。フィボナッチ数は以下のように定義される。

$F_0 = 0$

$F_1 = 1$

$F_n = F_{n-2} + F_{n-1} \quad (n \geq 2)$

```
$ ./a.out ↵
何番目? 15 ↵
15番目のフィボナッチ数は610です
$
```

考え方

フィボナッチ数の定義が再帰的（自分自身を使って定義している）なので，それに従って再帰関数を書きましょう。F_0 から F_{20} は以下のようになります。

0 1 1 2 3 5 8 13 21 34 55 89 144 233 377 610 987 1597 2584 4181 6765

解答例

──────── プログラム 11-7 ────────
```
1  #include <stdio.h>
2
3  int fib(int);
4
5  int fib(int n) {
6      if (n < 2)
7          return n;                    // F0 = 0, F1 = 1
8      else
```

```
 9          return fib(n-2) + fib(n-1);   // Fn = Fn-2 + Fn-1
10      }
11
12      int main(void) {
13          int n, x;
14
15          printf("何番目? ");
16          scanf("%d", &n);
17          x = fib(n);
18          printf("%d番目のフィボナッチ数は%dです\n", n, x);
19          return 0;
20      }
```

解　説

フィボナッチ数 F_n を返す関数 int fib(int n) を再帰関数として定義しました（5～10 行目）。本体にある if 文の else 部で自分自身を呼び出します（9 行目）。問題文にある定義に従って，n が 0 なら 0 を，n が 1 なら 1 を返し，それより大きければ自分自身を呼び出して $F_{n-2} + F_{n-1}$ を計算してその和を返します。

ポイント

☞　再帰的な定義に従うと自然に再帰関数が書ける。

発　展

フィボナッチ数は，F_0 と F_1 から F_2 を求め，F_1 と F_2 から F_3 を求め，というように，繰り返しによって最初から順に求められる。一般に，同じ計算を再帰を使わずループで書けるなら，ループのほうが実行が速いことが多い。例題 11.7 のプログラムをループを使って実装し，再帰を使ったプログラムと実行速度を比較せよ。💡**ヒント** 実行時間を計るにはライブラリ関数 clock_t clock(void) が使える。ヘッダ time.h を取り込んで使う。clock 関数は，プログラムの実行に使用したプロセッサ時間を「クロック」単位で返す[†]。**clock_t** はクロック数を表す数値型である。以下のようにすると《対象となるコード》部分の実行にかかったおよそのプロセッサ時間が分かる。なお CLOCKS_PER_SEC は 1 秒が何クロックかを表すマクロで，time.h を取り込むと定義される。

　　clock_t start_time, finish_time;

　　start_time = clock();

　　　対象となるコード

　　finish_time = clock();
　　printf("%f秒かかった\n", (double)(finish_time-start_time)/CLOCKS_PER_SEC);

[†] **プロセッサ時間**とは，プロセッサがそのプログラムを実行している時間のことで，生活で使っている時計で計った時間とは異なる。clock 関数が返すプロセッサ時間は近似値であり，正確であるとは限らない。

引用・参考文献

多数ある C 言語関連の書籍のうち，入門から中級レベルの学習者向けの本をいくつか紹介します。

C 言語がどのようなものか，プログラムがどう動くのかを平易に説明する本には以下のものがあります。まったくのプログラミング初心者や，イメージがつかめない学習者にお薦めします。

1) アンク：C の絵本，翔泳社（2002）
2) 蒲地輝尚：はじめて読む C 言語，アスキー（1991）

以下の 2 冊は，入門者向けに C 言語を易しく丁寧に説明しているテキストです。

3) 高橋麻奈：やさしい C（第 4 版），ソフトバンククリエイティブ（2007）
4) 結城浩：新版 C 言語プログラミングレッスン 入門編，ソフトバンククリエイティブ（2006）

C 言語の基本機能をじっくり学ぶには以下の本が利用できるでしょう。文献5) はテキストで，各文法事項についてのドリル的な演習問題があり，文献6) に解答コード例が掲載されています。

5) 柴田望洋：新・明解 C 言語 入門編，ソフトバンククリエイティブ（2014）
6) 柴田望洋，由梨かおる：新・解きながら学ぶ C 言語，ソフトバンククリエイティブ（2016）

手元に置いて C 言語の文法を確認するのに便利な本としては，平易でまとまっている文献7) や，C 言語の規格に沿った構成になっていて解説が詳細な文献8) があります。

7) 結城浩：新版 C 言語プログラミングレッスン 文法編，ソフトバンククリエイティブ（2006）
8) サムエル・P・ハービソン 3 世，ガイ・L・スティール・ジュニア：C リファレンスマニュアル（第 5 版），エスアイビー・アクセス（2008）

電子書籍としては，本書の編著者による次のものがあります。C 言語の基本機能を網羅的に説明しており，テキストとしてだけでなくリファレンスとしても使えるでしょう。

9) 冨永和人：新しい C 言語の教科書，和情報網（2016）

C 言語の機能で難しいと言われるポインタの解説書には次のものがあります。

10) 柴田望洋：新・明解 C 言語 ポインタ完全攻略，ソフトバンククリエイティブ（2016）

次の本には，C 言語プログラミングで利用できる実際的なノウハウが数多く示されています。

11) ブライアン・カーニハン，ロブ・パイク：プログラミング作法，アスキー（2000）

アルゴリズムやデータ構造の C 言語での実装については以下の本があります。基本的な実装方法を学習するには文献12) が役立つでしょう。文献13) には実用的なアルゴリズムの実装例が豊富に示されています。

12) 柴田望洋，辻亮介：新・明解 C 言語によるアルゴリズムとデータ構造，ソフトバンククリエイティブ（2011）
13) 奥村晴彦：C 言語による最新アルゴリズム事典，技術評論社（1991）

索　引

【あ】

アドレス演算　80
アルゴリズム　166
アンダフロー　30
入れ子　33
インクリメント　12
インタフェース　89
エラトステネスのふるい　74
演算子　12
オーバフロー　30
オープン　158
オブジェクト形式マクロ　50, 62
オペランド　12

【か】

改行文字　2, 104
外部変数　132, 137
型　12
仮引数　50
環境　iii
関数　50, 132
関数形式マクロ　50, 64
関数プロトタイプ　50, 52, 132, 137
間接演算　80
擬似乱数　10
キャスト　23, 140
空白類文字　107
空ポインタ　80
空文字　99, 109
繰り返し　33
クローズ　158, 159
結合　143
結合性　12, 20
構造体　144
誤差　12, 32
コマンド行引数　99, 128

【さ】

再帰呼び出し　166, 180
参照宣言（外部変数の）　137
式　12
　——の値　12, 25
実引数　50
自動変数　132
初期化

外部変数の——　137
構造体の——　147
静的変数の——　135
配列の——　68
書式　3
処理系　iii
水平タブ　107
数値計算　166
スタック　138
ストリーム　158
制御構造　33
整数型　12
生存期間　132
静的変数　132, 134, 138
精度　3
線形リスト　166, 167
選択ソート　73
添字　66
ソースファイル　132
ソート　72
素数　44, 74

【た】

代入　12, 27
タグ　144
種（擬似乱数の）　11
注釈　5
定義宣言（外部変数の）　137
データ構造　166
テキストストリーム　158
デクリメント　12
動的メモリ確保　80, 119

【な】

二重ループ　33, 77
ニュートン法　177
ノード　166, 167

【は】

場合分け　33
バイナリストリーム　158
配列　66
ハノイの塔　179
バブルソート　95, 165
評価　12, 16
評価順序　28
標準エラー出力　158

標準出力　103, 158
標準入力　100, 158
ファイル有効範囲　138, 143
フィボナッチ数　182
副作用　12, 25
符号付き　12, 140
符号なし　12, 140
浮動小数点型　12
部分式　16
プロセッサ時間　183
ブロック　64
ブロック有効範囲　135
プロンプト　4
ヘッダ　11
変換
　型——　14, 23
　printfなどの——　3
変数　12
ポインタ　80
本体
　関数の——　50
　マクロの——　50

【ま】

マクロ　50
魔方陣　77
無限ループ　46
メンバ　144
文字　99, 100
文字コード　18, 99, 100
文字列へのポインタ　121
　——の配列　99, 121
文字列リテラル　109
戻り値　50
モンテカルロ法　40

【や】

ユークリッドの互除法　83
有効範囲　132
優先順位　12, 18
要素　66
呼び出し
　関数の——　50
　マクロの——　50

【ら】

ライプニッツの公式　179

リンク	143, 166, 167	列挙型	71		
ループ	33	列挙定数	71		

【A，B】

atof 関数	136	limits.h	29	void へのポインタ型	80
atoi 関数	129	malloc 関数	97, 119	while 文	9
break 文	38	M_PI	52	x 変換	4

【C】 / 【N，O】 / 【数字】

c 変換	18	NULL	80	0 除算	28
case ラベル	38	o 変換	5	1 バイト文字	99
clock 関数	183			2 次元配列	66, 76, 78
CLOCKS_PER_SEC	183	【P】		【記号】	
clock_t 型	183	p 変換	80		

【D】

		perror 関数	98	! 演算子	22
		pow 関数	58	!= 演算子	22
d 変換	3	printf 関数	1, 3	#include 指令	11, 141
default ラベル	38	ptrdiff_t 型	95	%c	18
do-while 文	46	putchar 関数	103	%d	3, 4

【E】 / 【R】

				%e	30
				%f	3
e 変換	30	rand 関数	10	%lf	6
EOF	99, 101	RAND_MAX	10	%p	80
exit 関数	97, 98	realloc 関数	98, 119	%x	4
EXIT_FAILURE	38, 97	return 文	2, 50, 98	%zu	12, 84
extern	132, 137			%%	3
		【S】		& 演算子（単項）	4, 80, 81

【F】

		s 変換	110	& 演算子（2 項）	117
f 変換	3, 6	scanf 関数	4	&& 演算子	22
fabs 関数	178	sin 関数	52	* 演算子（単項）	80, 81
fclose 関数	159	sizeof 演算子	12, 84	++ 演算子	25
fgetc 関数	158	size_t 型	12, 97	-- 演算子	25
fgets 関数	110	sleep 関数	60, 135	-> 演算子	144, 153
FILE * 型	158	sprintf 関数	118	. 演算子	144, 145
fopen 関数	158	sqrt 関数	71, 75, 178	/* */	5
for 文	33	srand 関数	11	//	5
fprintf 関数	164	static	134, 143	< 演算子	22
fputc 関数	159	stdin	100, 160	= 演算子	27
fputs 関数	165	stdio.h	1	== 演算子	22
free 関数	98, 168	stdout	103, 160	[] 演算子	66
		strchr 関数	154	\n	2, 104, 107

【G，I】

		strcmp 関数	141	\t	107
getchar 関数	99	strcpy 関数	145	\0	99, 109
if 文	5	strncpy 関数	162	^D	102
INT_MAX	29	switch 文	37	^Z	102
isdigit 関数	103			|| 演算子	22
islower 関数	107	【T】			
isspace 関数	107	time 関数	39		
isupper 関数	102	toupper 関数	104		

―― 編著者・著者略歴 ――

冨永　和人（とみなが　かずと）
1989年　東京工業大学工学部情報工学科卒業
1991年　東京工業大学大学院博士前期課程修了(情報工学専攻)
1994年　東京工業大学大学院博士後期課程単位取得退学(情報工学専攻)
1994年　東京工科大学講師
1996年　博士(工学)(東京工業大学)
2002年　東京工科大学助教授
2003年　イリノイ大学(米国)客員研究員
〜04年
2007年　東京工科大学准教授
2012年　和情報網設立(代表)
　　　　現在に至る

菊池　眞之（きくち　まさゆき）
1994年　早稲田大学理工学部電気工学科卒業
1996年　大阪大学大学院基礎工学研究科博士前期課程修了(物理系専攻)
1996年　大阪大学大学院基礎工学研究科博士後期課程中退(物理系専攻)
1996年　大阪大学助手
1997年　大阪大学大学院助手
1999年　博士(工学)(大阪大学)
1999年　筑波大学助手
2003年　東京工科大学講師
2024年　東京工科大学准教授
　　　　現在に至る

関口　暁宣（せきぐち　あきのり）
1996年　東京大学工学部機械情報工学科卒業
1998年　東京大学大学院工学系研究科修士課程修了(機械情報工学専攻)
2002年　東京大学大学院工学系研究科博士課程修了(機械情報工学専攻)
　　　　博士(工学)
2002年　弘前大学助手
2007年　弘前大学大学院助教
2008年　東京工科大学講師
　　　　現在に至る

生野壮一郎（いくの　そういちろう）
1994年　山形大学工学部電子情報工学科卒業
1996年　山形大学大学院工学研究科博士前期課程修了(電子情報工学専攻)
1999年　筑波大学大学院工学研究科博士後期課程修了(電子情報工学専攻)
　　　　博士(工学)
1999年　東京工科大学講師
2006年　東京工科大学助教授
2007年　東京工科大学准教授
2016年　東京工科大学教授
　　　　現在に至る

黒川　弘章（くろかわ　ひろあき）
1993年　慶應義塾大学理工学部電気工学科卒業
1995年　慶應義塾大学大学院理工学研究科修士課程修了(電気工学専攻)
1997年　慶應義塾大学大学院理工学研究科博士課程修了(電気工学専攻)
　　　　博士(工学)
1997年　東京工科大学講師
2009年　東京工科大学准教授
2018年　東京工科大学教授
　　　　現在に至る

本文イラスト：冨永和人

C言語プログラミング基本例題 88+88
C Programming : Basic Examples and Problems 88+88
ⓒ Tominaga, Ikuno, Kikuchi, Kurokawa, Sekiguchi 2017

2017年3月6日　初版第1刷発行
2024年6月25日　初版第4刷発行

検印省略	編 著 者	冨　永　和　人
	著　　者	生　野　壮 一 郎
		菊　池　眞　之
		黒　川　弘　章
		関　口　暁　宣
	発 行 者	株式会社　コロナ社
		代 表 者　牛来真也
	印 刷 所	三美印刷株式会社
	製 本 所	株式会社　グリーン

112-0011　東京都文京区千石 4-46-10
発行所　株式会社　コロナ社
CORONA PUBLISHING CO., LTD.
Tokyo Japan
振替 00140-8-14844・電話(03)3941-3131(代)
ホームページ　https://www.coronasha.co.jp

ISBN 978-4-339-02873-7　C3055　Printed in Japan　　　　　（松岡）

〈出版者著作権管理機構　委託出版物〉
本書の無断複製は著作権法上での例外を除き禁じられています。複製される場合は，そのつど事前に，出版者著作権管理機構（電話 03-5244-5088，FAX 03-5244-5089, e-mail: info@jcopy.or.jp）の許諾を得てください。

本書のコピー，スキャン，デジタル化等の無断複製・転載は著作権法上での例外を除き禁じられています。購入者以外の第三者による本書の電子データ化および電子書籍化は，いかなる場合も認めていません。
落丁・乱丁はお取替えいたします。

自然言語処理シリーズ

(各巻A5判)

■監修　奥村　学

配本順		著者	頁	本体
1.（2回）	言語処理のための機械学習入門	高村 大也 著	224	2800円
2.（1回）	質問応答システム	磯崎・東・中永田・加藤 共著	254	3200円
3.	情報抽出	関根 聡 著		
4.（4回）	機械翻訳	渡辺・今村・賀沢・Graham・中澤 共著	328	4200円
5.（3回）	特許情報処理：言語処理的アプローチ	藤井・谷川・岩山・難波・山本・内山 共著	240	3000円
6.	Web言語処理	奥村 学 著		
7.（5回）	対話システム	中野・駒谷・船越・中野 共著	296	3700円
8.（6回）	トピックモデルによる統計的潜在意味解析	佐藤 一誠 著	272	3500円
9.（8回）	構文解析	鶴岡 慶雅・宮尾 祐介 共著	186	2400円
10.（7回）	文脈解析 —述語項構造・照応・談話構造の解析—	笹野 遼平・飯田 龍 共著	196	2500円
11.（10回）	語学学習支援のための言語処理	永田 亮 著	222	2900円
12.（9回）	医療言語処理	荒牧 英治 著	182	2400円

定価は本体価格+税です。
定価は変更されることがありますのでご了承下さい。

図書目録進呈◆

コンピュータサイエンス教科書シリーズ

(各巻A5判，欠番は品切または未発行です)

■編集委員長　曽和将容
■編集委員　岩田　彰・富田悦次

配本順		著者	頁	本体
1. (8回)	情報リテラシー	立花 康夫／曽和将容／春日秀雄 共著	234	2800円
2. (15回)	データ構造とアルゴリズム	伊藤大雄 著	228	2800円
4. (7回)	プログラミング言語論	大山口通夫／五味弘 共著	238	2900円
5. (14回)	論理回路	曽和将容／範公司 共著	174	2500円
6. (1回)	コンピュータアーキテクチャ	曽和将容 著	232	2800円
7. (9回)	オペレーティングシステム	大澤範高 著	240	2900円
8. (3回)	コンパイラ	中田育男 監修／中井央 著	206	2500円
11. (17回)	改訂 ディジタル通信	岩波保則 著	240	2900円
12. (16回)	人工知能原理	加納政雄／山田芳之／遠藤守 共著	232	2900円
13. (10回)	ディジタルシグナルプロセッシング	岩田　彰 編著	190	2500円
15. (18回)	離散数学	牛島和夫 編著／相廣利民／朝廣雄一 共著	224	3000円
16. (5回)	計算論	小林孝次郎 著	214	2600円
18. (11回)	数理論理学	古川康一／向井国昭 共著	234	2800円
19. (6回)	数理計画法	加藤直樹 著	232	2800円

定価は本体価格+税です。
定価は変更されることがありますのでご了承下さい。

図書目録進呈◆